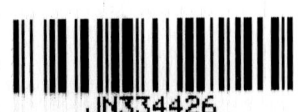

謎解き父さん

世界の見方を変える12問

伴田良輔

朝日出版社

謎解き父さん

世界の見方を変える12問

もくじ

序章 町山家について 5

第1問 心の中のホテル 13

第2問 世界を作る種（たね） 21

第3問 世界の隙間 29

第4問 見えないケーキ 35

第5問 尾行しないで蟻の行動を知る方法 45

第6問 迷いこんだ蟻 51

第7問 蟻と蜜 59

第8問 ありえない立体 69

第9問 神様のテーブル 77

第10問 神様は知っている 83

第11問 魔法の橋 93

第12問 何もないということ 99

あとがき 111

おまけの問題 115

序章

町山家について

町山家について

　町山家のお父さんはマッチ棒である。明治時代から続く由緒正しいマッチ問屋の出身で、祖先はポルトガルのリスボンのマッチである。そして町山家のお母さんは角砂糖。やはり由緒正しい老舗角砂糖本舗の生まれだ。２人は日本橋にあった喫茶店「サロメ」の引出しの中で出会った。深夜、マッチ箱の中から顔を出して外をきょろきょろ覗いていたお父さんが、すぐ近くの砂糖箱の中にはいっていた小さな角砂糖に一目惚れした。それがお母さんだった。

「色白でやさしそうで、とにかく「サロメ」一の美人だったよ。母さんみたいな素敵な角砂糖は、見たことがなかった」
とお父さん。
「お父さんから声をかけられた時は、本当に怖かったわ。マッチは素行が悪いって聞かされていたからねえ。“マッチと火遊びだけはするな”っていうのが、角砂糖の世界では決まり文句だったのよ」
とお母さんは当時をふりかえる。
　でもお父さんはしつこかった。
「はやくここから逃げないと、俺たちはどうせ客のテーブルに出されて消えてなくなってしまうんだ」
　そう言って誘いつづけ、とうとう５日目にマッチ箱を出て、うろたえるお母さんを砂糖入れから無理矢理連れ出した。そして引出しの隙間から一緒に外に逃げ出したのだ。

そこからの波瀾万丈《はらんばんじょう》の逃走劇は、「それだけで映画になるぐらいだ」とお父さんはいう。命からがら高円寺にやってきた２人は、路地裏に小さなアパートを借りて暮らし始めた。

若いころのお母さん

三畳ひと間の愛の巣は、マッチと角砂糖のカップルには広すぎるぐらい広かった。２人は寄り添うようにして、貧しく、つつましい生活を始めた。マッチと角砂糖なので、それほど生活費はかからなかったのが幸いした。すぐに２人の間に長男のマチオが生まれた。３年後には妹のエリカが誕生した。

子供たちはすくすく成長した。

「やーいマッチの子供」

「四角い母さんつれてこいよ」

と学校でいじめられたが、みんな気にせず、たくましく育った。

マチオ（ 20 ）は、18 歳のときにネットで知り合ったマッチの友達に会いにロンドンに行ってから、海外一人旅が大好きになった。エリカ（ 17 ）は美少女で、毎日のように学校でラブレターをもらってくるが、外で遊ぶより家で過ごすほうが好きなせいか、まだ恋人ができない。

町山家には、もうひとりの大切な家族がいる。黒猫のムースだ。ムースは毎日茶の間で問題を考えるお父さんの、良き話し相手であり相談相手である。ムースはお父さんが何かいうと、ちゃんと「ニャー」と答える。

ムースの「ニャー」には「それでいいよ」のニャー、「ちょっとダメだね」のニャー、「なかなかだね」のニャーなどがあり、お父さんだけにそのちがいがわかる。いや、ムースの「ニャー」の中にはあらゆる言葉があらかじめ入っていて、それをお父さんが探し出しているだけなのかもしれない。

この本では、全部で12問の問題をお父さんが町山家の2人の子供、マチオとエリカに茶の間で問いかける。子供たちは茶の間を通り過ぎないでお父さんの話をきいていく。それはお父さんが出す問題が面白いからだ。びっくりするような結末が待っているからだ。

お父さんは数式や専門用語はめったに使わない。宝石の原石のような問題、わくわくする問いや謎が、数式や方程式のあいまにたくさん転がっていて、そういう原石を探し出すのが、お父さんの喜びなのだ。

町山家のお茶の間へ、ようこそ。

序章　町山家について

第1問

心の中のホテル

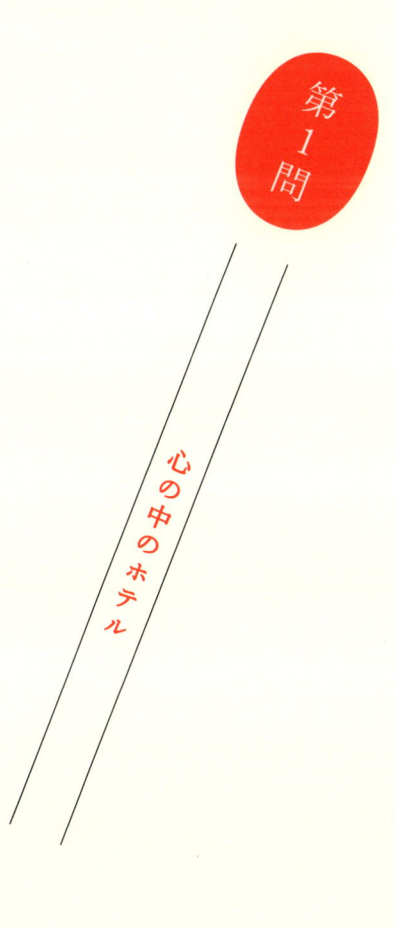

心の中のホテル

「マチオ、外国でホテルに泊まったことがあるかい」とお父さん。

「そりゃあるよ、ぼくが泊まるのは安宿ばっかりだったけどね」

「空部屋がないときもあっただろう」

「そう、腹立つんだ、こっちはもうヘトヘトだっていうのに」

「じゃあ聞くが、絶対に満室にならないホテルはどんなホテルだ？」

「そんなものあるわけないじゃん」

「だから、もしあったとしたらどんなホテルだ？」

「いっぱい部屋のある大きなホテルさ」

「いっぱいひとが来たら満室になるだろう」

「だからもっといっぱい部屋があるのさ」

「もっとじゃ同じだ。絶対に満室にならないためには、無限に部屋がないとだめだ。そしてそういうホテルがあるとしよう。『無限ホテル』という名前のホテルで、無限に部屋数がある」

「そんなホテルありえないじゃん」

「まあ、あったとしなさい。それでここからが問題だ。無限に部屋のあるホテルに、ただいま満室、という案内板が出た。つまり無限に客が入ったんだ。そこに１人の客がやってきた。そして「満室」という案内板を見て、あきらめて帰ろうとした、すると主人が「満室ですが大丈夫ですから、どうぞどうぞ。入れますよ」と言ったんだ。そして客は無事部屋に入れた。そんなことがあると思うか？

無限に部屋のあるホテルに、無限の客が入っている。そこにもう1人の客を入れることなんてできるのか？」

「何それ。無限に客が入ってるんだから、ありえないじゃん」

「マチオ、どうしてさっさとあきらめるんだ。よく考えもしないで、あきらめるんじゃない。無限の客が入っていても無限ホテルは客を入れることができるんだぞ。いいかい、部屋番号が1から無限に続いているとしよう。そこにもう1人の客を入れるにはこうすればいい。主人は、1階のいちばん手前の1号室の部屋に入っていた者に、その次の2号室に移ってもらうんだ。3号室の客は4号室に、5号室の客は6号室にというふうに、1つずつ番号の大きい部屋に移動してもらう。無限に部屋があるから無限の客も移

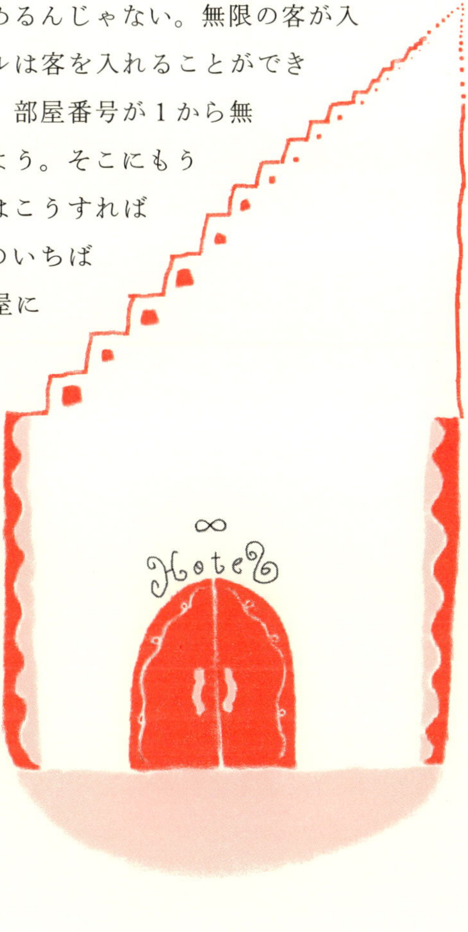

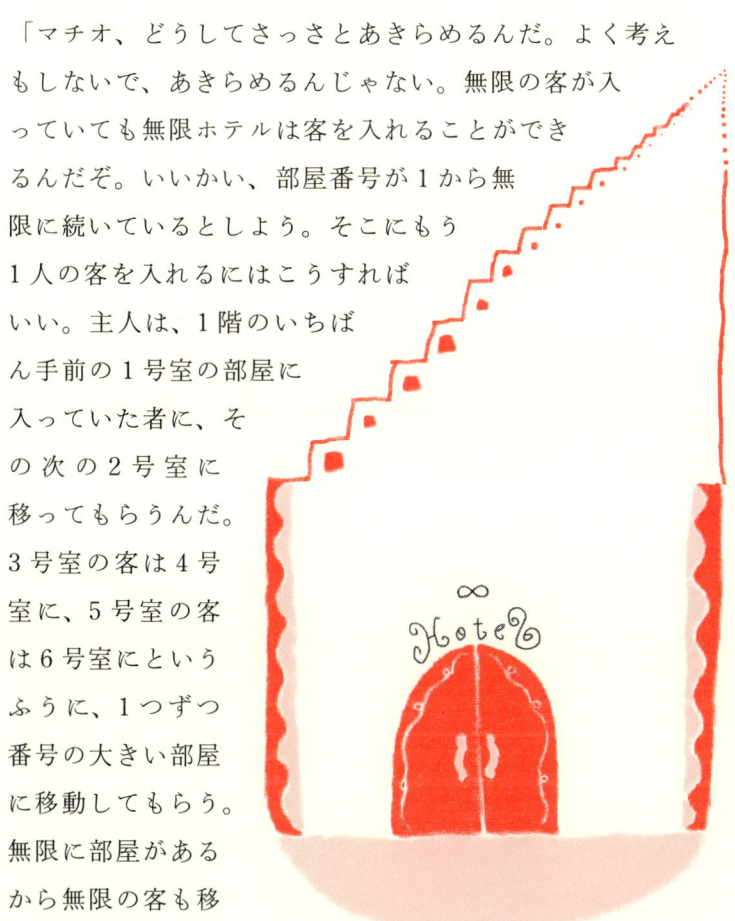

動できる。そして、空いた1号室に、やってきた客に入ってもらったんだ。客は問題なくすぐに入れたさ」

「うわ、何それ」とマチオ。
「無限の引越しね」とエリカ。
「うまいこというね、エリカは」とお父さん。

「じゃあ、こんどはこれはどうだ？　エリカならわかるんじゃないか？」

無限に部屋のあるホテルに、無限の客が入っている。そこに、なんと、よりによって無限の客がやってきた。しかし、またしてもホテルの主人は顔色ひとつ変えなかった。そしてすべての客を部屋に入れることができた。どうやって？

「ありえない」とマチオ。
「頭を使うんだよ。さっきの「やられた」っていう感動を思い出すんだ」
「感動したんじゃなくて、あきれたんじゃん」
「あきれるっていうのも感動のひとつだ」
「無限の部屋に、もう無限の客が入ってて、そこに無限の客が来る……」
とエリカが眼をとじて何かをイメージしている。
　しかし結局「ああ、わかんない」と首を振った。
「この問題のポイントは、“無限を作り出す方法”について考えるということだ」

「無限を作り出す……」

「さっきの問題は“1つ”の空き部屋を作り出しただろう？ そしてうまく作り出せた。じゃあ空き部屋を2つ作り出すにはどうしたらいい？　つまり1人じゃなくて2人来て、2部屋空けるには？」

「1、2号室を空けて、みんなに2部屋移動してもらえばいいのよね。でも無限の客が来たんだから、無限部屋移動してもらう、っていうのは……無理だわ」とエリカ。

「たしかにそんなことはできない。でも無限部屋の移動なんてしなくていいんだ。もっと短い移動で、無限を作り出すことができるんだ」

「やっぱり移動は移動なのね」

「そこだよ、エリカ」とお父さん。

「移動移動……」

「あ、わかってきた！」とマチオが叫ぶ。

「全部の部屋の中に1人ぶんの空間を作れば、無限の客を泊めることができるじゃん。衝立《ついたて》か何かで」

「それじゃ移動してないよ、お兄ちゃん」

「部屋を区切っちゃいけないよ。反則」とお父さん。

「でもその“空間を作る”という発想は、すごくいいんだ」

「だよね？　そうか、部屋の中じゃなくて部屋と部屋の間に作るんだ！」

「つまりどうするんだ？」

「うーん……わかんないよ」

「いいか、主人は今度はこんなふうに客を移動させたんだ。1号室の客を2号室に移し、2号室の客を4号室に、3号室の客を6号室にというふうに、部屋番号を2倍した数の部屋に移動させる。全部偶数部屋だね」
「2をかけるんだから、そうなるわね」とエリカ。
「このホテルには無限に部屋があるので偶数の部屋も無限にあるから大丈夫だ。これで奇数の部屋がぜんぶ空いた。そこで、やってきた無限の客を1号室、3号室、5号室……とその空いた奇数の部屋に入れる。奇数も無限にあるので、無限の客の全員が入れるってわけだ」
「背筋がぞくぞくしてきた」とマチオが天井を見上げた。

「ホテルの屋上からの眺め、すごいだろうな」とエリカ。
「屋上？　何それ。そんなのないじゃん。無限なんだから」とマチオが天井を見たまま言った。
「屋上があるとしたら、そこでおしまいなんだから部屋は無限じゃないじゃん。無限に部屋のあるホテルなんて、父さんの頭の中にしかないホテルだよ、やっぱりありえない」
「じゃあ、屋上はお父さんの頭の上っていうこと？」とエリカが言うので、3人は一斉に笑い出した。

お母さんの一言

屋上から落ちる夢を見そう。

第2問

世界を作る種（たね）

世界を作る種（たね）

日曜日の朝。茶の間でコーヒーを飲みながら新聞を読んでいたお父さんが、ふいに顔をあげて、

「マチオ、この計算をどう思う」と言った。そして、

1－1＋1－1＋1－1……＝

と白い紙に書いた。

「……のところは、ずっと1－1＋1を繰り返すという意味だよ。お母さんの嫌いな蟻の行列じゃないぞ」といって、お父さんは嬉しそうに笑った。

「0じゃん」とマチオが答えた。そして＝の右に0と書いた。

眠そうな顔でエリカがパジャマのまま茶の間に入ってきてテーブルの上の紙をのぞきこんだ。

「え、何これ？　お兄ちゃん、小学校に入りなおすの？」

「うん、そうみたい」とマチオが笑った。

「1－1も－1＋1も0で、その繰り返しだから何回やったって0になるっていうのは、小学1年生でもわかるよね」

するとお父さんが「そうかな、よく考えてみたかい？」といつものように嬉しそうな顔をした。

「どういうことかわかんないんだよね、お父さんの言ってることが」

「お父さんが笑ってるってことは、答えは0ではないってことよね」とエリカ。

「0じゃないんなら、なんなんだよ」
「いいかい、マチオ。おまえの頭の中では、この式はこういうふうに書けたんだな。つまり

$$(1-1)+(1-1)+(1-1)+\cdots\cdots$$
$$=0+0+0+\cdots\cdots$$

「うん、そうかな。0を何回足したって0だよね」
　するとお父さんは
「でも＝の左側はこういうふうにも書けるんだぞ」と言った。

$$1+(-1+1)+(-1+1)+\cdots\cdots$$

「え？　何」とマチオが叫んだ。
「これだと、1のあとに無限に0を足していくことになって、つまり1が残る」
「それはないよ」とマチオ。
「ホントだ。面白い。0と1、どっちなの？」とエリカ。
「これで驚いてちゃいけないよ、エリカ。今は1だけど、この左側はどんな数でも作れるんだ」
「えっ？　どういうこと？」
「1のかわりに5を入れてごらん」
　お父さんが白い紙とペンをエリカに渡した。
「えーっと、こう？」

5 − 5 ＋ 5 − 5 ＋ 5 − 5 ……

プラスとマイナスの５をズラズラとエリカが紙に書いていく。

「これはどうだ、マチオ」

「やっぱり０じゃん。（ 5 − 5 ）は０なんだから」

「いや、さっきの１と同じように最初の５を残して５＋（− 5 ＋ 5）＋（− 5 ＋ 5）＋ …… ＝ 5 ＋ 0 ＋ 0 ＋ …… とすれば、これも５になる」

「お父さん、さっきから最初の１とか５だけ特別扱いしてない？」とエリカ。

「特別扱いねえ。たしかにそうだ。でもこれは別に最初じゃなくてもいいんだぞ。途中でリズムをちょっとずらすだけでいい」

「ずらすって、そんなこと勝手にしてもいいの？」とマチオ。

「いいさ、禁止はされてないぞ」

「禁止されていないのに、結果が違うってヘンだ」

「5のかわりに18でも546287でも、答えは2つ作れるぞ」とお父さん。
「だめだよそんなの」とマチオ。

「答えが2つなんて、意味ないじゃん」
「2つあるほうが面白いじゃないか。お父さんは、この“答えがぐらぐら揺れ動く式”は、神様が世界を作ったときの計算式じゃないかと思うんだ」
「神様の計算式？」とエリカが身をのりだす。

「神様は世界を作る前、つまりまだ何もなかったとき、この足し算と引き算で遊んでたんだ。なんにもない世界だから＝（イコール）の両側が「０」になるようにして遊んでいた。何かを作ったらすぐに同じ大きさのものにマイナスをつけてくっつけて、0にする。5－5＝0、9－9＝0、●－●でも★－★でも同じだ。これじゃあ外には何も出てこない。ところがあるとき、神様が居眠りか何かをして、ひとつ消すのがおくれてしまい、5＋（－5＋5）＋（－5＋5）……になったんだ。それでそいつが外に飛び出してしまった」
「5が飛び出た！」とマチオ。
「そうだ」
「でも結局その5だけでしょ？」とエリカ。
「いや神様は結構居眠りをするんだ。マチオと似たところがある」
と言ってお父さんは、コーヒーを一口飲んだ。
「神様の居眠りのせいで飛び出したものは、お父さんに言わせれば、もはや数ではないんだ」
「じゃあナンなの？」
「たねだな」
「たね？」
「世界を作る種（たね）だ。神様が遊んでいた式から飛び出した1や5や★が、あわてて自分と同じ大きさでマイナスの相方を探しても、もうどこにも見つからないんだよ。もう世界がはじまってて、その種から次々に子供が飛び出していく」

「ということは、神様の居眠りがなかったら、私たちはいなかったのね」とエリカ。

「そうさ。居眠りにも一理あるってことだね。それが神様ならだけど」とお父さんは笑った。

お母さんの一言

神様の居眠りに感謝しなきゃね。

第3問

世界の隙間

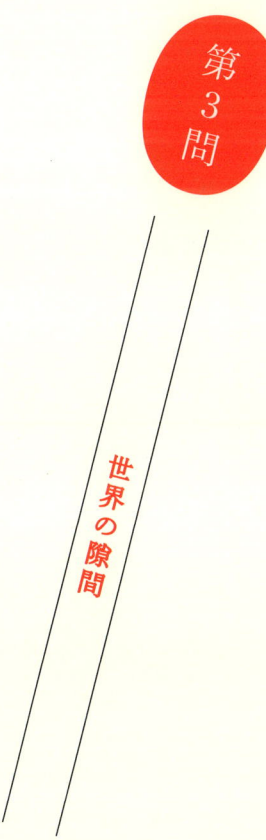

世界の隙間

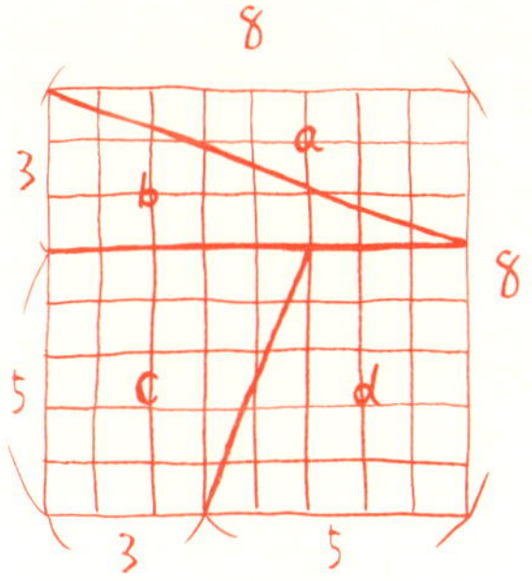

角砂糖の家を
4つに分ける

「ここにこんな角砂糖の家がある」とお父さんが言った。たてよこまっすぐの線で区切られた正方形の家だ。

「お母さんはもっと大きな家の出だけどね。普通の角砂糖の家はだいたいこんな感じだ」

「それで問題は？」とマチオ。

「この家を、こんな風に斜めの壁で4つの部屋にわけたんだ」とお父さんが線をひいた。

「たてよこばっかりだと退屈だからね」

「うん、いいなあ、こんな家に住みたいよ」とマチオ。

「でもこの家をほかの細長い場所に引越す必要があって、4つの部屋を組み替えて建て直した。もとの部屋の形はそのままにしてね。そしたらこんな風になった。もとの家と、新しい家を比べてごらん。どこかおかしなところがないかい」

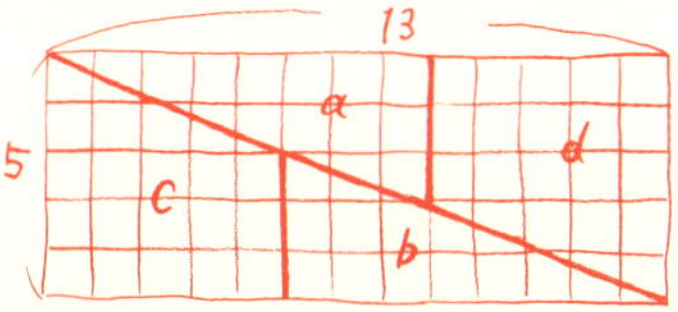

4つに分けた部屋を
こんなふうに組み
かえる

「え？　別に」とマチオ。するとエリカが何か数え始めた。

「えーっと、最初の家の面積が8×8で64でしょ。次の家の面積が5×13で65。えーなんで？　面積が1増えてるよ、お兄ちゃん！」

エリカがすっとんきょうな声をあげた。

「何言ってんだよ。もとの家を組み替えただけだから増えるわけがないじゃん。へんだな、こりゃ」とマチオが明かりに紙を透かして見ている。

「うわー、気持ち悪い」

「なんでなんで、お父さん！」

「家の壁の斜めの部分に秘密があるんだよ。斜めの部分をよくみると、三角形の斜辺の角度と、台形の斜めの辺の角度が、ほんの少しだけど違っているんだ。つまり新しい家の対角線のように見える斜めの線は、じつは直線じゃない。こんなふうに、中心に向かって内側にへこんで、すごく長い平行四辺形の隙間ができてるんだ」

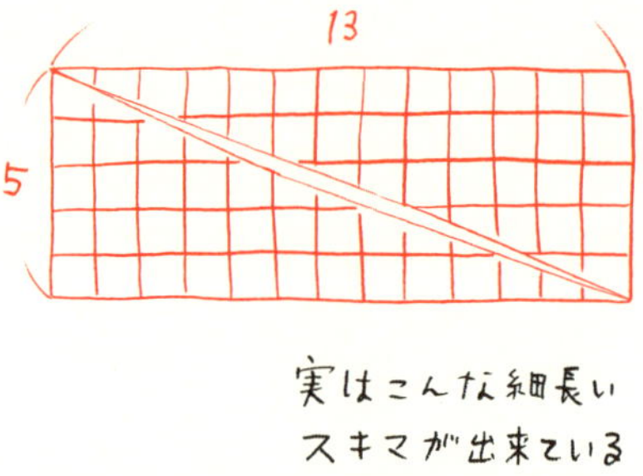

「え？　まっすぐに見えるけどなあ！」とマチオがまた紙を明かりに透かしている。

「0、1、1、2、3、5、8、13この数の並びは何だと思う？」

「あ、前の数2つを足してるね」

「そう0＋1で1、1＋1で2、1＋2で3、2＋3で5、3

＋5で8、5＋8で13だろう？」

「前の数2つを足して作ったこの数の列の性質を利用して「1」の隙間を作れるんだよ。さっきの角砂糖の家の最初のと引越したあとのも、たてよこの長さがこの数からできてただろう？」

「最初の家が8×8。新しい家は5×13。ほんとだ」とエリカ。

「8×8は64で5×13は65ね」

「差が1」とマチオ。

「それがこの、家の隙間のもとになっているんだ」

「ほんとだ、すごい。次の13×13が169で、13をはさんだ8と21をかけると168だ。これも差が1だよ！」とマチオが計算を続けている。

「フィボナッチという人が発見したこの数の列のいろんなところに、1は女王蜂みたいに隠れているんだ」

「1が女王蜂なら、ほかの数は働き蜂ってこと？」とエリカ。

「そんなところだね。どんなに大きな家になっても、この方式でたてよこを並べ替えたら、かならず面積1の隙間ができる。大きい家になればなるほど、1の隙間は小さく見えるはずだよ」

「女王蜂が小さくなって見えなくなるのね！」とエリカ。

お母さんの一言

お母さんの実家にはスキマはなかったけどね。

第4問

見えないケーキ

見えないケーキ

　ある日、町山一家はショートケーキを食べていた。

　マチオが駅前のケーキ屋で買ってきたのだ。

　そのショートケーキは、上から見るとこんな形をしていた。

「お父さんの好きな直角三角形」とマチオが言った。

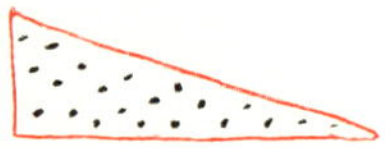

「ちょっと待て、マチオ。直角三角形と簡単に言うが、それはいったい何なんだ。たしかにお父さんは好きだけどね」

　お父さんがケーキの乗った自分の皿を真ん中に置いた。

「直角のある三角形じゃん」とマチオ。

「直角ってなんだ」

「直角は直角じゃん。この角度だよ」とマチオがケーキを指さす。

「直角はじつにすごいやつなんだぞ。ピタゴラスの定理は知ってるか」

「うん、聞いたことはある」

「説明してみて」

「まず三角形を描くんだよね」

「直角三角形」

「そうそう、こうやって直角三角形を描いて、その辺の上に3つ正方形を描くんだよね」

「それで？」

「そっから先、忘れた」とマチオ。

「なんだそこまでか。せっかくイイとこまできてたのに」

するとエリカが「えーっと、こっちの２つの小さい正方形の面積を足すと、もうひとつの大きな正方形になるんじゃない」

「そうだ、そうだよ！」とマチオが眼を輝かせる。

「よし、そこまではわかったね。じゃあなぜそうなるのか、説明できるかい？」

「なんか線をひけばいいんだよね。でもさっぱりわかんないよ。それよりケーキ食べない？」とマチオ。

「ピタゴラスの定理を証明する方法は、ぜんぶで400種類ぐらいあるんだよ。お父さんはこれがいちばんわかりやすいと思う」といって、図①〜③を描いた。

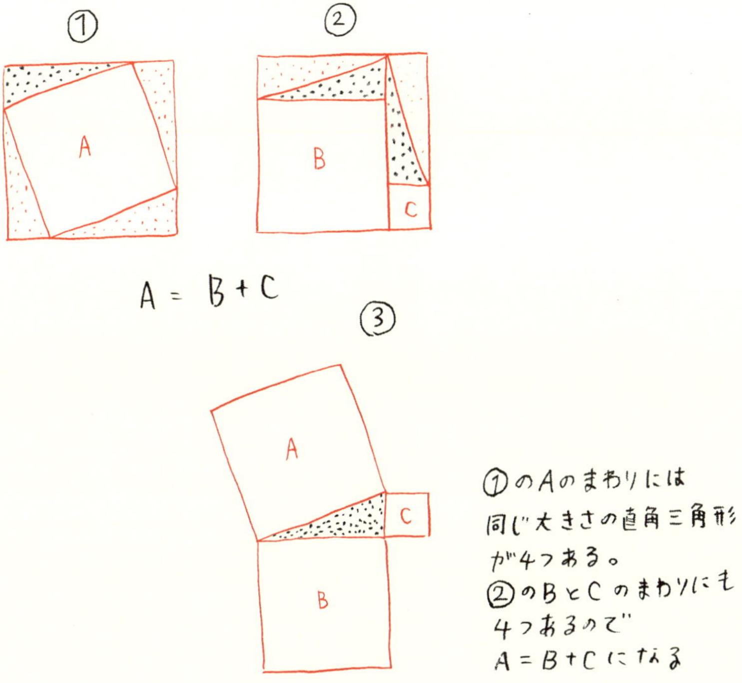
①
②
A
B
C
A = B + C
③
A
C
B
①のAのまわりには
同じ大きさの直角三角形
が4つある。
②のBとCのまわりにも
4つあるので
A = B + Cになる

「ところでこれは正方形が７つに切ってあるパズルだ。見たことあるだろう？　タングラムっていうんだ」
とケーキを食べおわったお父さんが板きれを取り出した。

「あるある。組み合わせてシルエットの形を作るやつね」
「この７枚の板で、さっきのピタゴラスの定理を説明できるか？」
「いろんなものを持ってるねお父さんは」
と言いながら、マチオが板を動かしはじめた。
「うーん」とマチオがお手あげのポーズ。
「ヒントは“見えない直角三角形”だ」
「見えないって、透明なの？」とエリカ。

タングラム

「そこにないってことだ」
「うわあ、わかんない」マチオが板をぐちゃぐちゃにした。
　そこでお父さんは、マチオが動かしていた７枚の板を全て使って、まず最初の大きな正方形を作った。
「これが大きな正方形だ。この正方形から、２つの小さい正方形が作れる」
と言って、大きな正方形をバラバラにして、２枚の大きな三角形でひとつの小さな正方形を作り、残りの５つのピースで、同じサイズのもうひとつの小さな正方形を作った。同じ大きさの小さな正方形が２つできた。
　それを角でくっつけて並べて、斜めの線をひいた。
「ほら、ここに直角三角形があるだろう。もとの正方形がこの斜めの線のうえにあったと思いなさい。２つの小さい正方形の面積を足せば、もとの大きな正方形の面積になる。もとの７枚の板きれから作ったんだからあたりまえだね。小さい正方形＋小さい正方形＝最初の正方形だ」

「ピタゴラスの定理だ！」とエリカが声をあげる。
「ホントに“見えない直角三角形”が中央にあるじゃん。やられた」とマチオ。

「形はそこに“ある”ことだけじゃなくそこに“ない”ことでも作れるんだよ。“見えない直角三角形”も、直角三角形にかわりはない」

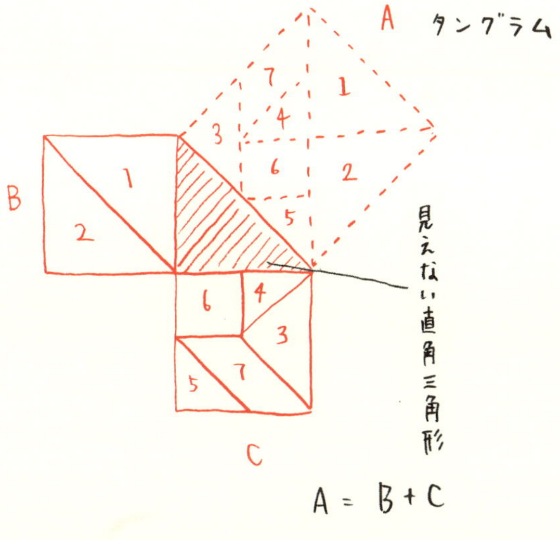

タングラムでピタゴラスの定理を説明する方法

「ものはないけど形があるのね」とエリカ。
「そこにいないけど、ちゃんと仕事してるデキるやつ」とマチオが言った。
　そこへ角砂糖のお母さんが、台所からコーヒーを持ってやってきた。
「お母さんみたいなものだね」とお父さん。
　お母さんはキョトンとして、
「何のこと？」
とコーヒーをみんなのカップに注ぎながら四角い顔をあげて微笑んだ。

「ところでマチオ。もっと面白いことがあるんだ。お父さんが描いたこの直角三角形の3辺のどれでもいいから選んで、両端が辺の端になるように適当に形を描いてみなさい」
「うん。こんなんでいいの？」とマチオがグニャグニャの形を描いた。
「よし、この形を、ほかの2つの辺に、同じ形になるように描くんだ」とお父さんがほかの辺にも似たような形を描いた。
「こうやっておまえが適当に描いた形でも、ピタゴラスの定理と同じように、小さいほうの2つを足すと、ちょうどぴったり、いちばん大きな部分の面積になるんだ」
「え？　正方形じゃなくてもいいの？」とマチオ。
「何でもいいんだ。適当な形でイイから。相似形をそれぞれの辺に描くだけでいい。すると斜辺に描いた図の面積は、いつでもかならず小さい2つの辺に描いた図の面積の和になるんだ。じつに不思議だよね」
「信じられない！　なんで？」とエリカ。
「相似形ってすごいね」

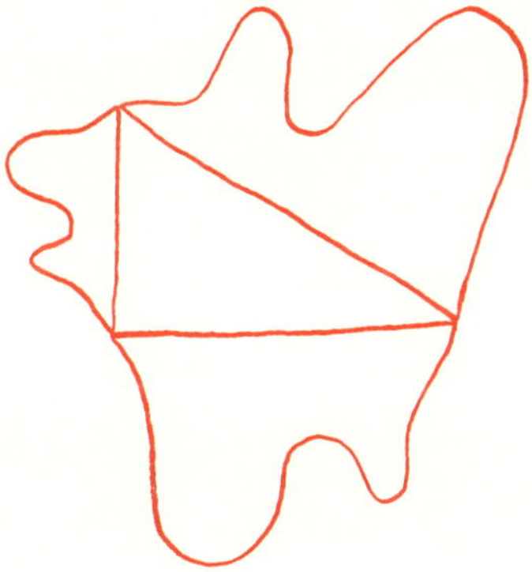

「でも、どうして、学校では正方形だけで教えるの？　おかしいじゃん」
とマチオが口をとがらせる。
「いいことに気付いたね。それは“証明”しやすいからさ。正方形だと簡単に説明できる。さっきも言ったように400種類ぐらい証明の方法があるくらいだ。でもこのマチオの絵のように、図がぐちゃぐちゃだと証明するのは相当むずかしくなる」
「じゃあこんなのもなりたつわけだよね？」
と直角三角形の3辺にマチオがお父さんの顔を描いた。小さいお父さん、中くらいのお父さん。そして大きなお父さんが、直角三角形のまわりにあらわれた。
「小さいお父さん＋中くらいのお父さん＝大きいお父さん」
　マチオが嬉しそうに笑った。

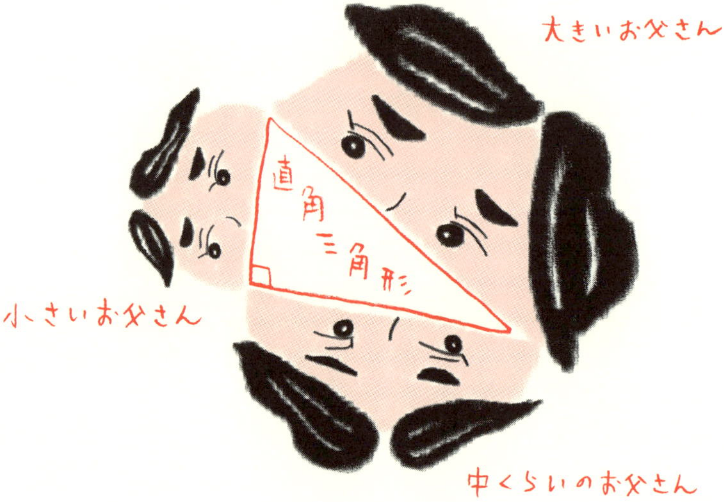

小さいお父さん + 中くらいのお父さん = 大きいお父さん

お母さんの一言

お父さんはひとりでいいわよ。

第5問

尾行しないで蟻の行動を知る方法

尾行しないで蟻の行動を知る方法

お父さんがぐるぐるもじゃもじゃした線の描かれた絵をとりだした。
「これ何？」とエリカが聞いた。
「お父さんが観察した、近所の蟻の行動だ。蟻はこんなふうにソワソワと動いていた」
角砂糖のお母さんが顔をしかめた。蟻はお母さんの天敵である。
「兵隊蟻は同じ道を何度も行ったりきたりするが、近所の蟻の奴はきまぐれだね。同じ道を一度も歩かなかった。そして最初の場所にももどらなかった」
「危険な蟻ね」とエリカ。

「この蟻の動きをあらわす線には、もちろんはじまりと終わりがあるんだ。それはどこだかわかるか？」

「エー？　ごちゃごちゃしてるからわかんない」とエリカ。
「いや簡単にわかる方法があるんだ。どっちがはじまりで、どっちが終わりかはともかく、起点と終点の２つの点を誰にでも簡単に探せる方法がある」
「このぐちゃぐちゃした線の中にあるの？」エリカが目をこらす。
「そうだよ。この線のどこかから蟻が歩きはじめ、どこかで止まった」
「見ているだけで気持ちわるくなってきちゃう」とエリカが

言いおわらないうちに、お母さんは逃げるようにして台所のほうに行ってしまった。

「蟻の動きをあらわす線は、一筆描きになっている」とお父さん。
「そうだね、うん」とマチオがはじめて口を開いた。
「それがあやしい」
「一筆描きの最初と最後をしらべるには、線がまじわっている点（交点）をしらべればいい。一筆描きの交点では、起点と終点以外ではかならず偶数の交点になるんだ。線と線は交点に「入って」「出る」、つまり２の倍数の線を必要とするからだ」
「うーん、そうなの？」とマチオ。
「言葉でいうとややこしいけどね。ホラ、この交点は偶数の線が出てるだろ？　だからはじまりでも終わりでもないってこと」とお父さん。
「歩きはじめた場所と終わりの場所を探すには、逆に交点が奇数になっているところを探せばいい。その２ヵ所をのぞいて、ほかの交点はぜんぶ偶数になってるんだよ」
「わ、ほんとだ。偶数ばっかだ。奇数はどこだ！」とマチオ。
「みつけた、ここ、ここ」とエリカ。
「もう１ヵ所は？」
「あった！」とマチオが、とびあがった。
「蟻はどっちから歩きはじめたの？」とエリカ。
「それは見ていないとわからないんだ。この図からは、はじまりか終わりの２点だけしかわからない」
「この２点の下に蟻の巣の出入り口があるってことだね」とマチオ。
「近づくべからず!!」とエリカが叫んだ。

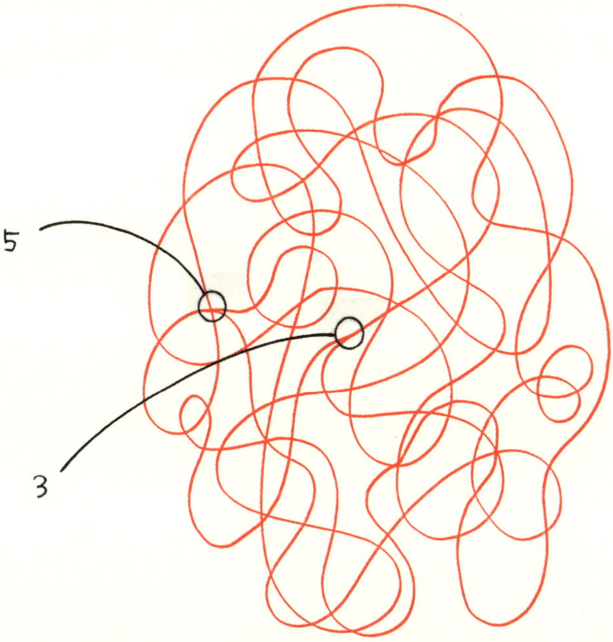

お母さんの一言

お父さん、しっかり蟻を見張っててね。

第6問

迷いこんだ蛾

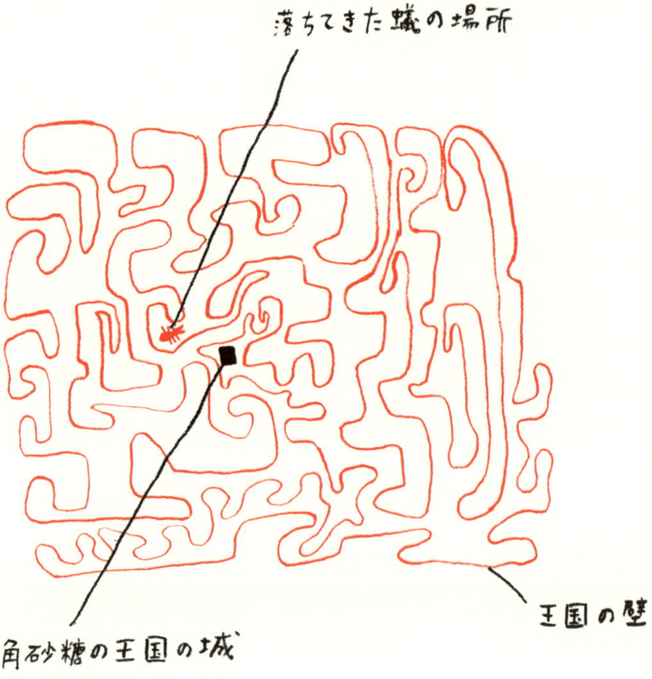
落ちてきた蟻の場所
角砂糖の王国の城
王国の壁

迷いこんだ蟻

「昔むかし、角砂糖の王国があった。王様はかしこく、国民は勤勉で、国は大いに栄えていた。しかし、いつ蟻の大群に襲われるかわからず、それだけが悩みだった。そこで王様はこんなふうに、城のまわりを迷路のような壁で何重にも囲ったんだ」とお父さんがいっきにしゃべった。

「ある夜、1匹の兵隊蟻が風にとばされてやってきて、城のまわりの迷路の中に落ちた。この絵の中の蟻が、そのとき落ちた場所だ。もし蟻が迷路の壁の内側にいたら、大変なことになる。どんどん歩いて行けば王様のいる城にたどりつくからだ。もし外側にいるのなら、城には絶対にたどりつけずに、外にでてしまうので心配することはない。さて、この絵をちょっと見ただけで、蟻が迷路の内側にいるか外側にいるか、すぐにわかるんだ。どうだおまえたちにわかるか？」

「ものすごい複雑な壁。パッと見ただけではわからないなあ、たどってみないと」とエリカ。
「たどり方にすばやく進むコツがあるってことだね？」
とマチオ。
「いや、残念。道をいくら速くたどっても一緒だ。そうじゃなくて道をたどらないでも、内側にいるか外側にいるかがすぐに、そして確実にわかる方法があるんだ」
「なになに、さっさと教えてよ」マチオがもう待ちきれない。

「あー、まさに迷路。この道たどるのは結構めんどくさい！教えて！」と指先で道をたどっていたエリカも身を乗り出す。

「蟻のいる場所から、どっちの方向にでもいいから、外に向かってまっすぐに線をひいてごらん」

「ひいたよ」

「その線が迷路の一番外の壁に交わるまでに交差した点の数を数えてみなさい」

「えっと、1, 2, 3, 4 … 9だ」

「奇数だね。じゃあこの蟻は迷路の“内側”にいる。城にたどりつくから、とても危険だよ」

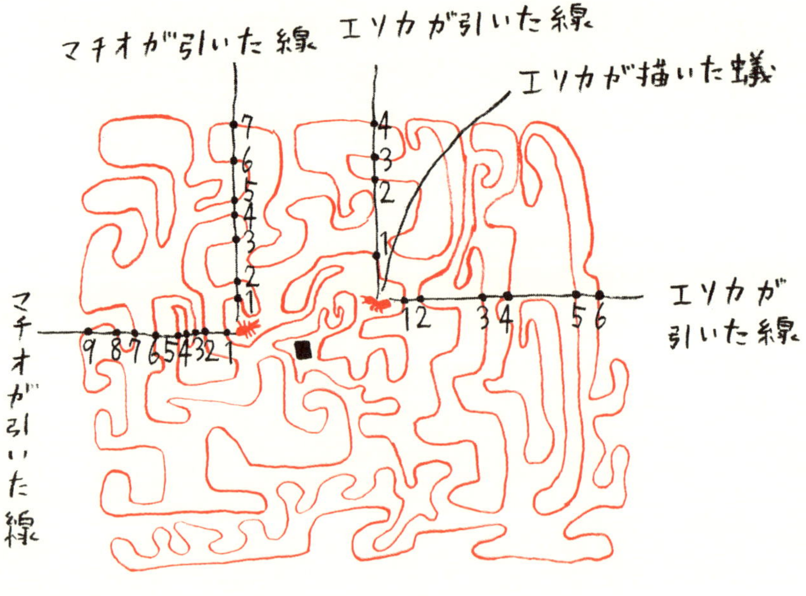

「え？　なんでそう言いきれるの？　たしかに9は奇数だけど、ほかの方向にひいたら、わかんないじゃん」
「ほかの方向にも、適当な方向でいいから線をひいてごらん」
「うん、これでどう？」
「数えてみなさい、交点を」
「1, 2, 3, 4, 5, 6, 7 ... 7だ！」
「ほら奇数だ。その蟻からどっちの方向に線をひいても絶対に奇数になるよ」
「うわ、信じらんない。でも、あ、こっちも奇数になる。どうなってんの」
「じゃあ、もし蟻がこの場所にいたらどうなるの？」
とエリカが別の場所に蟻の絵を描いた。そしてそこから外に向かって線をひいた。
「1, 2, 3, 4 ... あ、偶数だ！」
「こっちも数えてみよう」
「1, 2, 3, 4, 5, 6 」
「こんどは、どこを数えても偶数じゃん、まいったな」とマチオが興奮している。
「その場所に蟻がいるんなら安全だ。蟻は、どんどん歩けば、迷路の外に出てしまう」
「どうして、そうなるの？」
とエリカ。
「一番簡単な図だと、ただの円があって、その中に蟻がいる場合だ。円の外に線をひいたとき、どうみても交差する点は

1つだろう。いちばん小さな奇数だ。そして蟻はまちがいなく内側にいるだろう？」

「は、そりゃそうだ」とマチオ。

「形が複雑になっても、まっすぐな線を外に向かってひくと、線が壁に交差する回数は偶数か奇数か、どっちかになる。壁の「中」に入るので1回交差、別の壁から「外」に出るとまた1回交差、合計2回交差する。その繰り返しだから、「外」が2の倍数になるのは当然なんだ。逆に内側にいる場合は奇数回壁を通り抜ける」

お父さんは魔術師みたいな顔になって、いっきに説明した。

「宇宙のどこかに1人がいて、別の場所に別の誰かがいる。その2人が同じ宇宙にいるのか、別の宇宙にいるのかがわからない。でも、もし2人をつなぐ線をひければ、どっちかわかるんだよ。この理屈でいくと」

「通過する壁の数が偶数だったら同じ宇宙にいて、奇数だったら別の宇宙ってわけね」とエリカ。

「おみごと」

「そんな線ひけないじゃん」とマチオ。

「線は心でひくんだ」

「何それ」

「想像力だよ。おまえにいちばん欠けているものだ」

「すいま線」

「お兄ちゃん面白い」

お母さんの一言

駄洒落ばっかり言ってないで、

蟻を家に入れないでね!

第7問

蟻と蜜

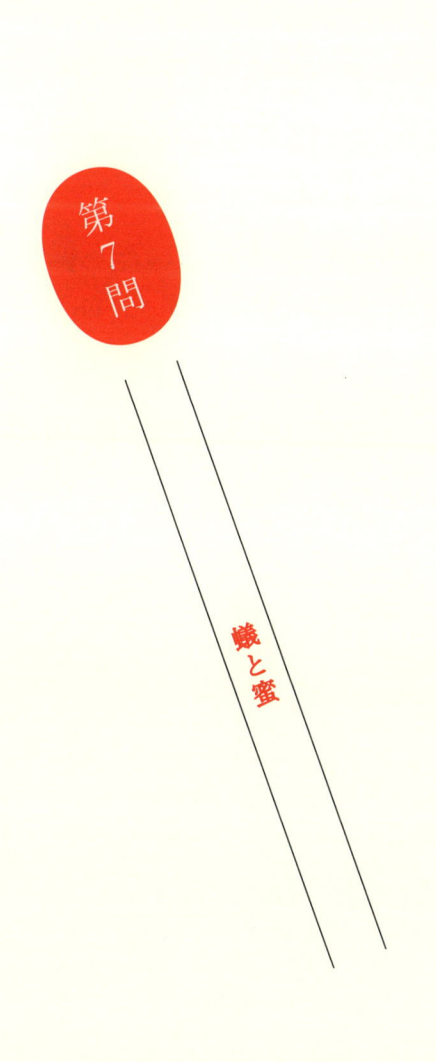

蟻と蜜

「昔々、エジプトのピラミッドの中に蟻の王国が３つあったんだ。こんなふうに」

お父さんがいつものように紙切れに図を描いたものを見せながら、しゃべり始めた。

「３つの王国は、それぞれまったくちがう種類の蟻たちが作っていた」

「ホント、蟻って大嫌い」

エリカが顔をしかめた。

「３つの国の蟻たちは、ピラミッドの石の隙間にある蜂の巣から蜜を盗んでいた。それぞれちがう種類の蜜が好物だったから、ちがう巣から盗んでいたんだ。３つの蜂の巣と３つの蟻の王国の位置関係を図に書くと、こんなぐあいになる」

そう言いながら、お父さんはピラミッドの中に３つの蟻の王国と３つの蜜の図を描いた。

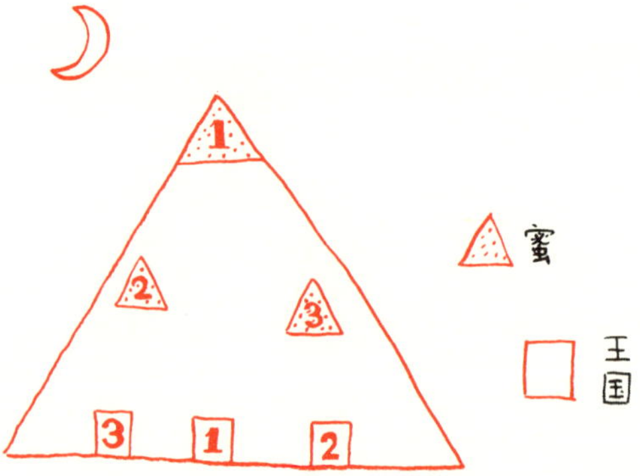

「１の蜜は１の蟻の王国へ、２の蜜は２の蟻の王国へ、３の蜜は３の蟻の王国へ——蜜を運ぶ道を、蟻たちはせっせと作った。そして、その３つの道は決して交差しなかったんだ。そんな道を作ることは可能だと思うか？　ただし、この問題は平面上で考えてほしい。蟻たちは同じ平面上で生活してたんだ」

「どうみても無理っぽい」とマチオが線をひきはじめた。
「絶対、まじわっちゃうよ」
「あたしもやってみる！」とエリカ。

　ふたりはしばらくやっていたが、とうとうあきらめた。
「蟻は出会ってけんかをはじめます」
とマチオが喧嘩宣言。
「喧嘩というより、戦争ね」とエリカ。
「あきらめるのが早すぎるぞ」とお父さん。
「喧嘩や戦争は避けるべきだろう？」
「蟻のことなんか心配したくないよ」とマチオ。
「立体交差？」とエリカ。
「お、いいアイデアだね、エリカ。羽根のある蟻ならそれもできるけど、この蟻たちは地面を這うしかできないんだ」
「うーん、もう、無理」エリカが鉛筆をほうり投げる。
「最初に１から１に道をつけてしまうから、交差する以外にはほかの道はつけられなくなってしまうんだよ」
とお父さんがヒントっぽいことを言った。

「2と3の王国の蟻が道をつけ終わってから、最後に1の王国の蟻が、そのあいだを縫うようして、ほらこういうふうに道をつけるとうまくいく」
「うわあ、くねくね曲がりすぎじゃん」とマチオ。
「でも、交わらないだろう？」

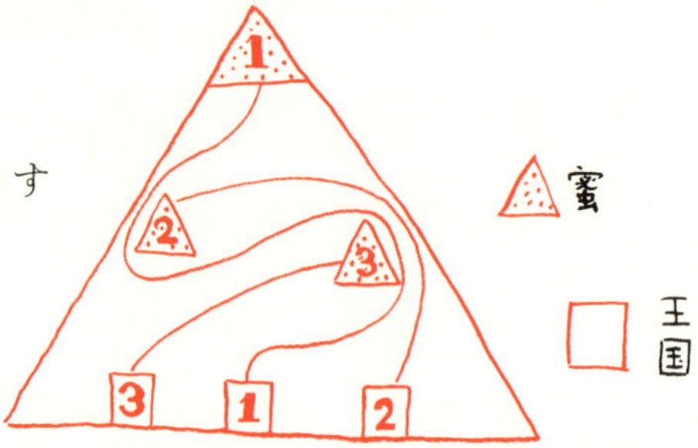

「すごい」とエリカ。
「マチオは遠回りっていうけど、蟻にとってはこんな遠回りなんかどうってことない。せっせと歩く生き物だからね」
「ぼくはヤだなあ。まっすぐ行きたいよ」
　そう言うマチオをにらんで、お父さんがこう言った。
「マチオ、じゃあこの問題が教えてくれることは何だ？」
「要するに、あわてたらダメということじゃん。急がば回れ」
「ぜんぜんちがう」
「順番次第でうまくいくこともあれば、いかないこともあるってことでしょう」
とエリカ。
「そうだ。さっきも言ったけど、最初に蜜1と王国1を中央でつないでしまうと、左右にある2と3をつなぐのは不可能になる。でも最初にそうやって分断してしまわない方法だってあるってこと」
「分断禁物ね」とエリカ。

高校生に語る日本近現代史の最前線

それでも、日本人は「戦争」を選んだ

加藤陽子　1,700円+税

普通のよき日本人が、世界最高の頭脳たちが「もう戦争しかない」と思ったのはなぜか?　「目がさめるほどおもしろかった。こんな本がつくれるのか?　この本を読む日本人がたくさんいるのか?」――鶴見俊輔さん（「京都新聞」書評）

人間らしい生き方とは何か?　気鋭の哲学者が語る

暇と退屈の倫理学　國分功一郎

何をしてもいいのに、何もすることがない。だから、没頭したい、打ち込みたい…。でも、ほんとうに大切なのは、自分らしく、自分だけの生き方のルールを見つけること。1,800円+税

高校生に語る脳科学の最前線

単純な脳、複雑な「私」

池谷裕二　1,700円 +税

ため息がでるほど巧妙な脳のシステム。私とは何か。心はなぜ生まれるのか。高校生とともに脳科学の深海へ一気にダイブ。「今まででー番好きな作品」と自らが語る感動の講義録。

「ヒトのはじまり」の謎に楽しく迫る

「つながり」の進化生物学

岡ノ谷一夫　1,500円+税

ハダカデバネズミだって悩む。ジュウシマツだって失恋する。「人間くさい」動物たちと、ユーモアあふれる最先端研究から、言葉と心の起源が見えてくる。心はひとりじゃ生まれなかった。

「あの日」から普通ではない時間を過ごしてきたすべての人へ――敬意と感謝と言葉にできない思いをこめて。

やっかいな放射線と向き合って暮らしていくための基礎知識

田崎晴明　1,000円+税

「こうやって2の蜜と2の王国、3の蜜と3の王国を最初につないでおけばいい。そこに1が通るための隙間があればいいだけだ」

「狭いけどたしかに通れる」とマチオ。

「蟻だって、蟻どうしで喧嘩したくないんだ。生き残るために必死になって、ときどきぶつかったりしながら道を修正していたら、こういう結果になったってことだよ。2と3の王国とそれぞれの蜜をつなぐ道が最初につながって、その道と道にできた細い隙間を、1の蟻がせっせと歩いたんだね」

「蟻の頭が良かったんじゃなくて、結果なんだね」とマチオ。

「そう、結果さ。いつのまにか、できちゃった。結果だけを見るとありえないようなことだけど、自然にそうなっていった。というより、この世界のほとんどのことは、かなり奇妙に見えることでも、時間をかけて“自然にそうなっていった”ことなんだ。そういうことは、ほかにも結構あるだろう」

「お父さんとお母さんの出会いもそうだよね、ありえないような出会いだもん」

とマチオ。

「ありえないように見えるかもしれんが、日本橋のカフェの引出しの中で一目惚れしたときは一瞬だから、時間はかかってないぞ」

「引出しに2人が来るまでに、ものすごく時間がかかってる」

とマチオ。

「たしかにそれはあるな」とお父さんがめずらしくしんみりした。

「その出会いがなかったら、私たちもここにいなかったのね、お兄ちゃん」
　エリカが泣きそうな顔になった。
「結果ってすごいね。ありえないことでも、ありえたことになってしまう。だって、もうここに結果があるんだから。ぼくたちがその結果なんだから」
「どんな結果にも、試行錯誤のプロセスがある。それを想像することが大事なんだ。結果だけとらえてると“そんなことはありえないからこれは嘘にちがいない”ということになる。考えられないような方法、ありえないようなまわり道でも、方法は方法なんだ。常識にとらわれてそれを見落とすと、さっきのおまえたちみたいに、あきらめるしかなくなる」
「ピラミッドの蟻に平和を！」とマチオ。
「そう、無駄な戦いはやめるべきさ。戦争だって、避けられないと思い込まないで、知恵をしぼればやめられるはずだよ。道はかならずどこかにある」
　お父さんが真面目な顔で言った。
「かっこいい」とエリカがお父さんにもたれかかった。

こんなふうに縦横３列に並んだ９つの蜜箱がある。この９つの蜜箱ぜんぶを蟻が順番にたどっていくとする。まっすぐに歩いてどこかでターンし、またまっすぐに歩くという歩き方でたどるとして、「３回のターン」で９つの

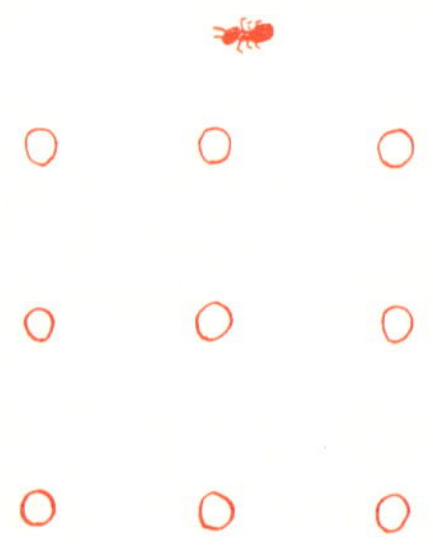

蜜箱ぜんぶをたどることができるだろうか？

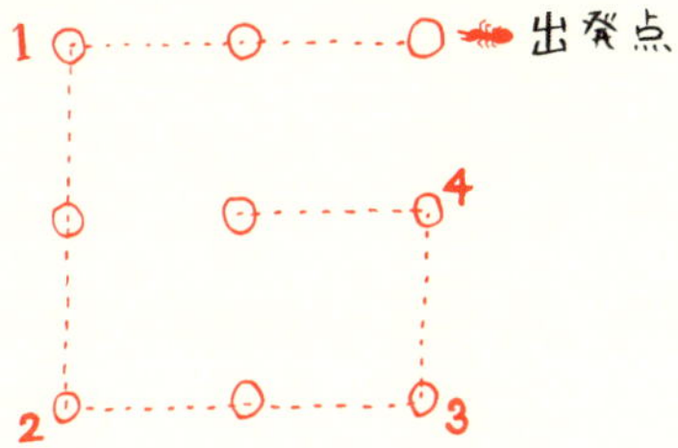

「これも試行錯誤に関連した面白い問題だよ」とお父さんが言った。

「普通にたどっていくと、どうやったって4回ターンしないと9つぜんぶの蜜箱はたどれないだろう？」

そう言われて、マチオが鉛筆で蜜箱をたどってみている。

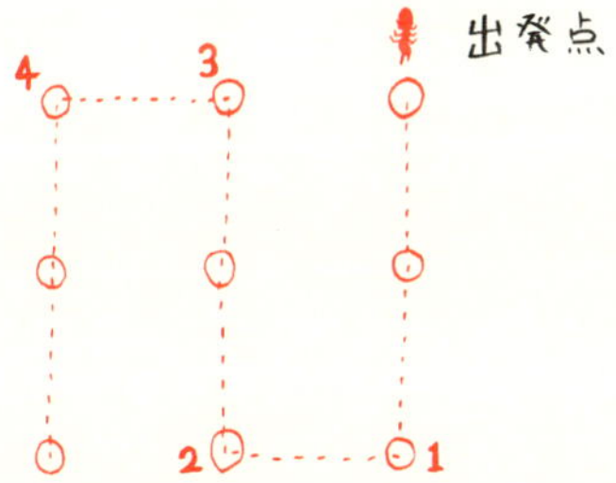

「1, 2, 3, 4… うわ、どうしても4回になるじゃん」

エリカもやってみるが、やっぱり4回だ。

「悔しいなあ。でもどう考えても3回では無理よね」

「そうかな。もっと頭を絞って考えてごらん」

「うーん」と2人は図を睨《にら》んでいる。

「お手上げ。ターンするまでまっすぐに進まないといけないんじゃあ、無理」とエリカ。

「たどるときはこうすべきだ、という思い込みがないかい？」

そういってお父さんがこんなふうに線をひいた。1回目のターンのあとで上の左端の蜜箱を通ったあと、そのまままっすぐにしばらく進んでから2回目のターンをして戻ってきたのだ。

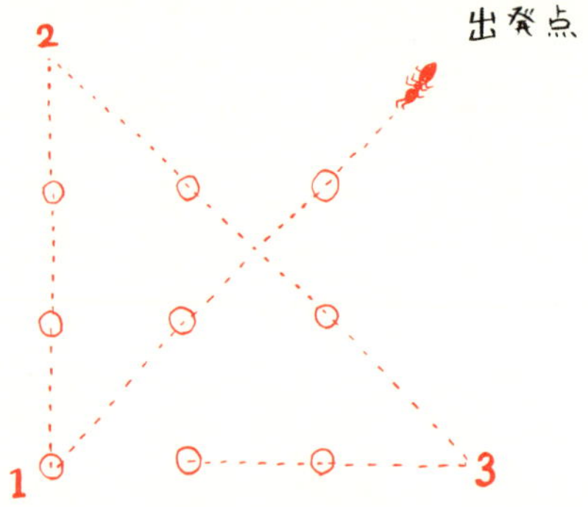

「ほら、3回のターンでぜんぶたどれたじゃないか」

「うわあ、ホントだ！　3回だ」とエリカ。

「蜜箱の列にそってたどることだけに気をとられて、こうやって外にはみだしてもいいってことに気づかなかっただろう？」

「ありえない」とマチオ。

「でもホントに3回しかターンしてない。完璧」とエリカ。

「これで感心してたらダメだぞ。3回どころか、なんと2回のターンだけで9つ全部を通過できる方法があるんだ。それがこれ」とお父さんがもうひとつの図（右頁）を描いた。

「うわあ、これはたしかに凄いね。ズルいとも言えるけど」と2人は笑いはじめた。

「こんな頭のいい蟻、きっとどこにもいないわ」とエリカ。

「頭よりも、運が良くないとこういうことにも気づかないだろうね。全部食べるつもりがなくて途中で帰りかけたら、道をまちがってしまった。それでひきかえしてみたら、たまたま別の密箱を通りかかったとかね。頭がいいことよりも、状況に反応してやりなおす、つまり最初のピラミッドの問題と同じで、試行錯誤の中で、思わぬ発見をすることがあるんだ」

「たまたまの威力」とマチオがまとめた。

「その威力に気づかないとダメだけどね。“発見した”ってことに」とお父さん。

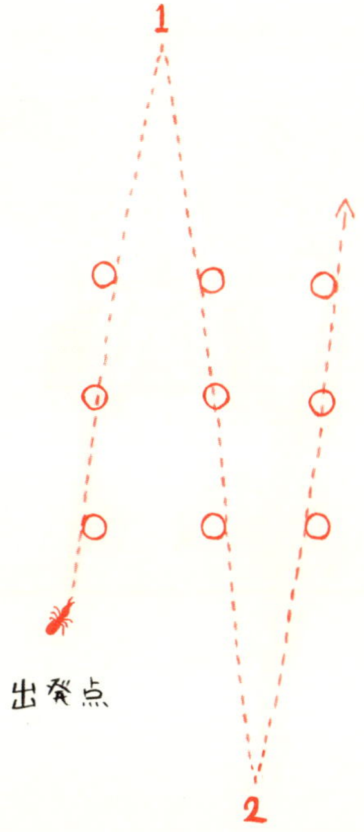

2回のターンだけで全部をまわる方法

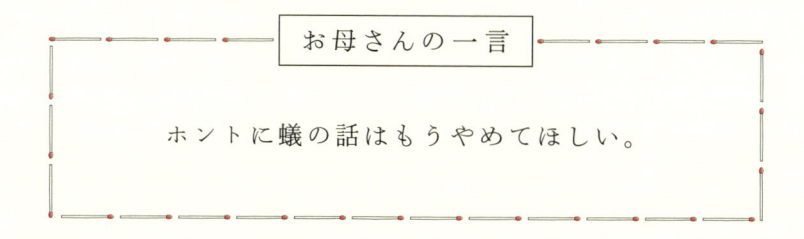

お母さんの一言

ホントに蟻の話はもうやめてほしい。

第8問

ありえない立体

ありえない立体

「これどうなってると思う？」
とお父さんが１枚の絵をマチオとエリカに見せた。

「紙でしょ。立体的な」とマチオ。
「この立体、糊《のり》で貼ったりしないで、１枚の紙から作れるんだぞ」
「え？ ありえない。中央の部分をたおしたら重なってしまうよ」
「よーく見てごらん」
「よーく見れば見るほどありえない」
「うん、ありえないね」とエリカもうなずく。

「じゃあ問題だ。この立体は１枚の紙からできている。そしてそれは、ある方法でだれでもすぐに実際に作れる。あっというまにね。その作り方は？」

「どうだい、わかるかな。結構、むずかしいぞ。発想の転換も必要だ」
「あっというまに？ というのが案外ヒントなんだよね、きっと」とマチオ。
「そうだよ。やりかたさえわかれば、ホントにあっというまに作れるよ」
「使っていい道具は？」とエリカ。
「ハサミだけだよ。ほらここに紙とハサミを用意してあるからやってごらん」

お父さんが卓袱台《ちゃぶだい》の下からハサミとハガキ大の厚紙を取り出した。厚紙は表も裏も真っ白だ。
「うわあ、わかんない」とマチオ。
「ヒントは３本の切れ込みと回転だ」
とお父さんがいうとエリカが顔を輝かせた。
「そうだ、お兄ちゃん、裏返すのよ！」
「え？　何」
「３本の切れ込みを入れて、どこかでひねってみたら？」
「どこだよ」
　マチオが紙を透かしたり、斜めに見たりしながら切れ込みをいじってみるが、うまくいかない。
「もう成功は近いよ。ボール紙の裏表の色が同じだから“交換”できるんだ。ただしマチオがいまやってるように、ねじってもだめだ」
「ねじってダメなら交換できないじゃん」
「ねじるんじゃなく、ただ回転させるんだ。いいかい、よく見てろよ」
と言いながら、切れ込みと切れ込みの間の折線部を回した。
「うわあ、できた！」エリカがとびあがった。
「簡単だったろう？」
　お父さんがコーヒーを美味しそうに飲み干した。
「でも不思議！　まだ不思議！　ありえない」
とエリカは完成した紙をまた何度も見ている。

①

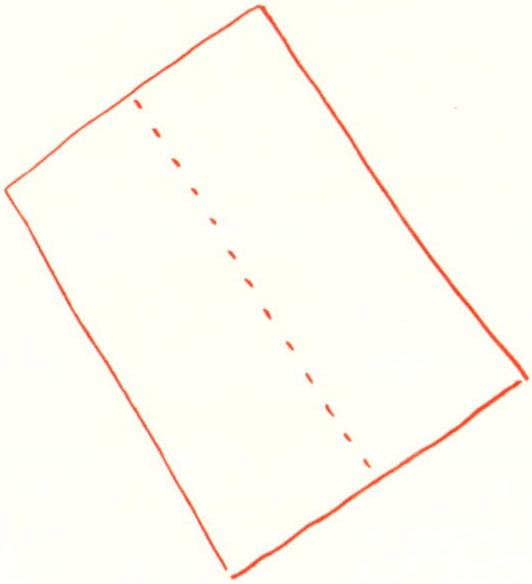

②

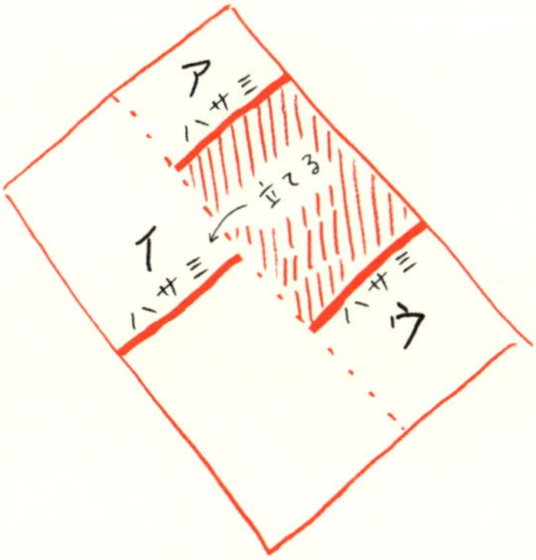

③

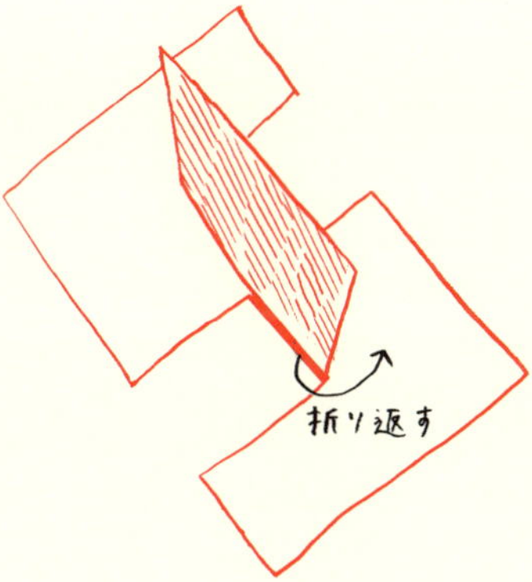

「表と裏を入れ替えるって、なかなか考えつかないだろう？こういうことは頭がいちばん苦手にしてることなんだ」
「うん、表は表、裏は裏って思いこんでるよね」とエリカ。
「上下とか左右とか裏表とか、入れ替えるのってたしかに苦手」とマチオ。
「ありえないと頭から決めつけてるだけなのね」
と言いながらエリカが紙をもとに戻した。あっというまにもとの長方形になった。
「この簡単さはすごいわ！　マジシャンになったみたい」とエリカ。
「種も仕掛けもございません。あるとしたら、それはみんなの固い頭の中にある」

お母さんの一言

お母さんはなんとなくわかったわよ。角砂糖はウラも表もないから、こういう問題には強いのよ。

第9問

神様のテーブル

神様のテーブル

「ここに赤い頭のマッチと灰色の頭のマッチがある。立派な、太いマッチだ」とお父さんが言った。
「赤いマッチと灰色のマッチは頭の色がちがうだけで、大きさは同じだ。赤いマッチと灰色のマッチのふた手にわかれて、正方形のテーブルの上に交互にマッチをのせていくゲームがあるんだ。マッチは両方ともじゅうぶんたくさんある」
「どうなったら勝つの？」とエリカ。
「正方形のテーブルにマッチとマッチが重ならないように交互にのせていって、最初にマッチを置けなくなったほうが負けなんだ。どっちかが、絶対に勝てる方法があるんだが、どうしたらいいかわかるか？　マッチは立ててもねかせてもいい」

「うーん」と２人のマッチがマッチの絵をにらんでいる。
「問題を言いかえよう。必ず先攻が勝つ方法があるんだ。その方法を考えてごらん」
「たくさん置くことになるのは先攻のほうだから、先攻が不利のような気がするけどなあ」とマチオ。
「ところがそうじゃないんだよ」とお父さんは嬉しそうだ。

そしてこんなふうに説明した。

先攻は、最初に正方形のテーブルの対角線が交わるところ、つまり中心にマッチを一本「立てる」だけでいい。

こうすれば、次に後攻がどこに置いても先攻はそれと対称になる位置に、置いていけばいい。対称の位置は必ずみつかるが、常に新しい場所をみつけなければいけない後攻は、やがてテーブルが埋まってくるとどこにも置くことができなくなる。つまりこのゲームに負ける。この方法で、最初に真ん中に置くことができる先攻が、絶対に勝つんだ。

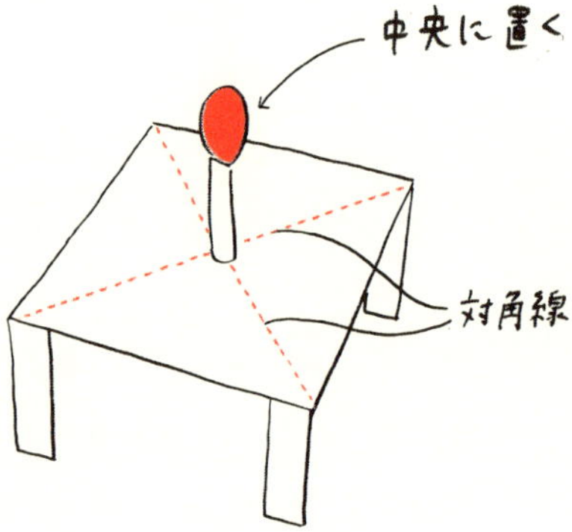

「まねをするほうが勝つなんてずるいじゃん」とマチオ。

「マネ合戦」とエリカ。

「中心に立てて置くというのは、対称の中心点をとるということだ。正方形の中心はひとつだけだ。その中心点のまわりに対称な２つの場所が、かならずある。つまり相手がどこかに置いたら、その対称点がかならずあるので、そこにかならず置けるということ。猿のようにマネをしていけばいい。マネ必勝の法則」

「マネーゲーム」とこんどはマチオが駄洒落をとばす。

「このゲームのテーブルの中心点は、言ってみれば神様のいる場所なんだ」とお父さん。

「これって、この前の問題とつながるね」とマチオ。

「ほら、同じ数を足したりひいたりして０にしていく式。それが0になるうちは世界がはじまっていない、っていうのあったじゃん」

「いいところに気づいたね。たしかに似ているよ。マッチを対称に置くってことは、あの式でカッコにくくって差し引き0にしてたのと同じだとも言えるね」

「こっちのほうがむずかしそう」とマチオ。

「でもとうとうテーブルの上がいっぱいになって、マネをされていたほうは次のマッチをもうどこにも置けなくなる。勝負がついてしまう」

「真ん中の神様は何をしてるの？」

「テーブルの上のマッチを見張ってるのさ、マッチがちゃんと対称に置かれるかどうか。神様がちょっと居眠りしたスキにテーブルから逃げ出したのが、われわれマッチの祖先かもしれないよ」

「居眠りバンザイ！」とマチオが立ち上がって叫んだ。

お母さんの一言

神様じゃなくても、真ん中に立つ人になってほしいわ。マネはダメ。

第10問

神様は知っている

神様は知っている

３つの空のマッチ箱をお父さんがテーブルの上に置いた。

お父さんがお母さんを呼んで、どれか１つの箱の中に入るように言った。

お母さんが入ると、お父さんはマチオとエリカを呼んだ。

そして、

「この３つのマッチ箱のどれかにお母さんが入っている。ほかの２つの箱は、からっぽだ。お母さんがどの箱に入っているかを、もちろんお父さんは知っている」

と言った。

「お母さーん、どこー？」とエリカが呼んだ。

「あっ、ダメだよ。ちょっと、母さんもつられて返事しちゃダメだよ、わかってるね」

「はい」

とどこかからお母さんの声がして、みんなはひっくりかえった。

「ホントだ、お母さんの声だ。たしかに箱の中にいるんだね、どの箱だかわからなかったけど」とマチオが真顔になった。

「あたり前だ。これが今日の問題なんだから」

お父さんが２人をにらんだ。

「そうか、どの箱にお母さんが隠れてるか当てろっていうわけだ」とマチオ。

「そうだ。それが問題だ」

「直感で答えるしかないじゃん」

とマチオが言った。
「そうよね。3つに1つだもん、当たるかもしんない。待っててね、お母さん！」とエリカ。

「ではこの3つのマッチ箱のうち、どの箱にお母さんが入っているか、当ててごらん」
「ホント、直感しかないなあ」

　マチオはそう言いながらマッチ箱を見ていたが、しばらくして「いちばん右の箱」と答えた。エリカも「うん私もそう思ったの。お母さんは右端が好きそうだし」とうなずく。

「そうか、君たちの答えは“いちばん右の箱”だね。さてここで、お父さんは残りの2つの箱のうち、1つの箱を開けてあげることにしよう」
「え？」
「お母さんが入っている箱は1つしかない。お前たちが言った右端の箱が当たっていようがいまいが、当たりは3つのうち１つしかないので残りの２つのうちどっちかは確実にはずれてる。それを開けてやろうと言ってるんだ」

「いいよそんなことしなくても。早く答えを教えてよ。母さん出してあげて」とマチオ。

「今日の問題は、ここが大事なんだぞ。じゃあ開けるよ」

とお父さんは向かっていちばん左側の箱を開けた。中はからっぽだ。

「この箱ははずれだ。もちろんお父さんは、はずれと知ってるから開けたんだけどね。さあ、ここで質問だ。おまえたちはいちばん右の箱にお母さんが入ってると言ったが、こうやって残りの２つの箱の１つをお父さんが見せてやった状態で、答えを変えてもいいと言ったら、どうする？　つまり、まだ開けていない真ん中の箱に変えてもいいんだ」

お父さんが開けた箱

「どうして変えなきゃいけないの。最初から、いちばん右だって言ってるじゃん」

「そうよ、早く開けて」とエリカも不機嫌な顔だ。
「残り2つの箱のうちどっちかにお母さんがいるんだし、最初に直感でいちばん右だと思ったんだから変えたくないわ」
「そうか？　ほんとうにそれがお母さんを早く出せる方法なのか？」
とお父さんは、2人の顔をじっと見た。
「残りの2つの箱のうち、1つにお母さんがいることはまちがいがないんだから、2つに1つじゃん。5分5分じゃん。だから変えない」とマチオ。
　そこでお父さんは、残り2つの箱のうち左の箱（3つのうちの中央）を開けた。すると中にお母さんがいた。
　マチオとエリカは不正解だ。
「お母さん！　ごめんね、はずれてた」とエリカが泣き出さんばかりに抱きついた。

　お父さんが「問題をもういちど整理しよう」と言った。
「3つの箱のうち、お母さん（角砂糖）の入っている箱はどれか？を、当てる問題だ。ほかの2つの箱はカラッポだ。出題者はお父さんで、もちろん答えを知っている。マチオとエリカは3つのうち右端の箱を選んだ。そこで、答えを知っているお父さんは2人が選ばなかった残り2つの箱から、入っていない箱を1つ開けて中をみせた。もちろん中はカラッポだ。この段階で、マチオとエリカが選んだ右端の箱と、中央の箱のどちらかに、お母さんが入っていることになる。するとお父さんが「ここで答えを変更してもいいよ。どうする？」

と言った。2人は、最初に選んだ右端の箱から、ここで中央の箱に答えを変えたほうがいいか、それともそのまま変えないほうがいいのか？　変えても変えなくても当たりハズレの率は変わらないと思うだろう？　でも違うんだ。最初のままよりも、答えを変えたほうが2倍も当たりやすくなる」
「えーっ？　なんで？　わかんない。ちゃんと説明してよ」とエリカ。
「うまくできるかどうかわからないが、やってみよう。まず、いちばん最初に選んだときは、たしかに3つの箱のうち1つにお母さんが入っているんだから、その箱が正解になる確率は1/3だ。これは正しい。ほかの箱それぞれの中にお母さんがいる確率もそれぞれ同じ1/3だね」
「うん」
「おまえたちの選んだ箱以外の2つの箱の両方で当たる確率を考えたとき、合計2/3という確率を持っていることになる。その2/3という確率を持ったまとまりの中から、お父さんは1つのハズレを開けると宣言して開けた。当たりがあってもなくてもとにかくハズレの箱をひとつ開けることにした。そのまとまり全体で2/3という当たりの確率は変わらない」
「おまえたちの箱は最初から確率1/3でそのまま変わらないが、1つになった中央の箱の当たりの確率は2/3に上がる。当たる確率が1/3のままのお前たちの選んだ箱と、2/3になった中央の箱を比べるなら、中央に変えた方がいいにきまっているだろう」

「えーっ。わかんない。なんで確率が変わるの？」

まだ信じられない2人は、実際にやってみることにして、3つのマッチ箱のどれかにお母さんがいると想定して、同じようなパターンで21回も、繰り返しやってみた。

すると、最初に選んだ箱以外の残り2つの箱のうち、はずれを1つお父さんが開けてみせたあと答えを変更するかしないかで、当たった回数はこんな差になった。

1. 答えを変更した場合の正解……14回
2. 答えを変更しなかった場合の正解……7回

答えを変えたほうがちょうど2倍当たった！　お父さんの言ったその通りの結果だ。

「うわ、これ怖いじゃん、なんで？」とマチオ。
「ちょうど2倍だなんて！」とエリカ。
「何回試しても、3つの箱でやれば、選択を変えたほうが変えない場合より、当たる確率がだいたい2倍になるんだ」とお父さん。
「あー、わかんねー！」とマチオがおおげさに頭をかかえてみせる。
「3つだけじゃなくてもっとたくさんマッチ箱があって、おまえたちが選んだ1つの箱以外のハズレの箱をどんどんお父さんが開けていったと考えたらわかりやすいかな。おまえたちの選んだ箱以外の箱の中のハズレがどんどんわかってくるんだから、その中の残った箱に当たりがある確率もどんどん高くなっていくのはわかるだろう？
　例えば10個の箱があってお前たちが1つを選ぶ。残りの9箱のうちはずれの8箱をお父さんが開けたら、残った1箱はすごく怪しくなるじゃないか？」
「うーん、そんな気がしてきた」
　マチオがまたマッチ箱を開けたり閉めたりしはじめた。

「大事なのは、この問題から何かを学ぶことだ」
とお父さんが真面目な顔になった。
「人生には、いくつかの道から1つを選択しなければいけない局面がかならずある。そのとき、たとえば1つの道を選んだが、まだそれで良かったかどうか自分でもわからない。でも別の道を選んだ友達がグチを言っているのが目に入る。つまりその友達の選択は失敗だったんだ」
「そのときは、自分の選んだ道からさっさと方向を変えたほうがいいってことだね。そのほうが成功する確率が上がる」
「そうくると思ったぞ。そうじゃなくて、そういう勘違いをしちゃいけないってことを、お父さんは言いたいんだ」
「だってそういうことじゃないの、さっきの問題」
「全然違う。さっきの問題は当たりが1つで、しかも答えを知っているお父さんが、残りから“ハズレ”を1つ開けてやったんだろう？　ハズレを“選んで”教えてやっているのがポイントだ。でも今の場合は当たりは複数あるかもしれないし、誰かが結果を知っているわけでもない。選択を変えたほうが良くなるとは誰にも言えないさ。だから、他人の失敗や成功を見てフラフラするな！　ということを、お父さんはマチオに言いたかったんだよ。人生は確率じゃない」

お母さんの一言

お母さんは当たりでもハズレでもないわ。
お母さんはお母さんよ。

第11問

魔法の橋

魔法の橋

「角砂糖がこんなふうに3つ並んでいる。角砂糖にマッチで橋をかけたいんだけど、マッチの長さは角砂糖と角砂糖の距離より、ほんのちょっとだけ短い。つまり角砂糖まで届かないんだ。でもマッチが何本かあれば橋をかけることができる。どうやったらそんなことができると思う？」

とお父さんがいっきに今日の問題を説明した。

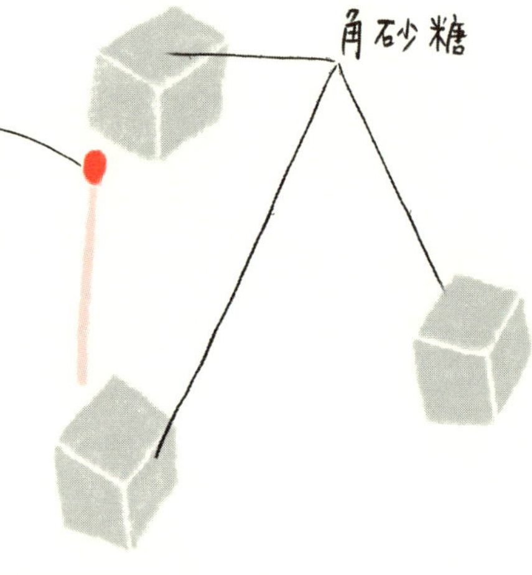

「無理だよお父さん。届かないものは届かないさ。接着剤でくっつけてもいいんなら別だけどね」とマチオ。

「接着剤なんかなくても、マッチだけでできる方法があるんだ」

　お父さんは目をつり上げた。

「接着剤なしでマッチをつなぐことなんかできるの？」

「まさにそこだ、ポイントは。じゃあ何でくっつけるかってことだ」

「やっぱりくっつけるんだね」

「くっつけるというのとは、微妙にちがうな。でも結果は同じなんだ。つながるんだから」

「くっつけないのにつながるの？」とエリカ。
「魔法を使うのね」
「ものがつながるには、もちろん何かを必要とするが、それはモノであるとは限らない。モノを使わないでつながる方法があるんだ」
といって、お父さんはこんなふうに３本のマッチを重ねて３つの角砂糖のあいだに張りわたした（次頁）。
「うわあ、つながった！」とマチオとエリカは大拍手。
「すごい！」を連発している。

マッチ棒の長さは角砂糖の距離よりもわずかに短いが、３本のマッチが互いに重なり合って橋を作りあげている。これで角砂糖から角砂糖へとマッチの橋を通って移動できる。

「３本のマッチを交互に上下にずらして重ねることが大事なんだ」
「うん、ずらさないと橋にならないね」とマチオが納得している。
そのときお父さんが、急に遠くを見る目になった。
「この問題はね、駆け落ちをしてから高円寺のアパートで暮らし始めたころ、お父さんとお母さんが一緒に考えた問題だ。マッチと角砂糖はぜんぜんちがう物質でできている。でもいつも一緒にいたい。そんなことを考えていたんだ」

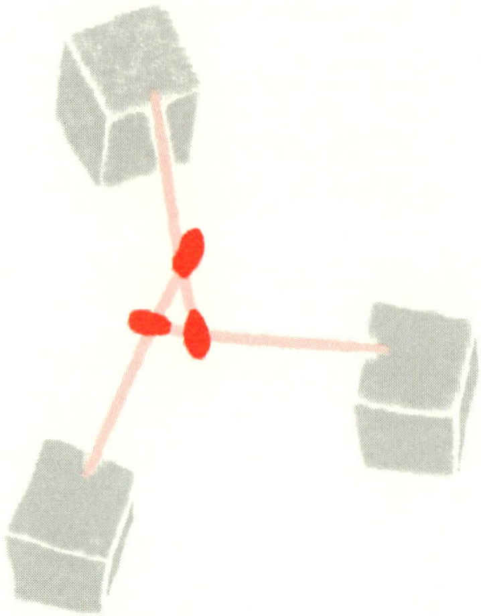

「愛しあってたんだね、お父さんとお母さん」とマチオ。

「駆け落ちしたんだから、あたりまえでしょ」とエリカ。

「あのときはマッチはお父さん１人だったけど、いまはおまえたちを入れて３本だ。１人じゃできないことも、３人で力をあわせたらできるんだぞ」

そこへお母さんがお茶を持って入ってきた。

お父さんとお母さんがみつめあう。マチオとエリカはお父さんのそばに近づいて、肩にもたれかかって一緒にお母さんのほうを見た。

「どうしたのみんな、今日はずいぶん仲がいいのね」

お母さんが嬉しそうに笑った。

お母さんの一言

3人いるとスゴイことができるのね。

第12問

何もないということ

何もないということ

「お父さんは台風で倉庫が水につかって出荷が遅れ、ほんらいはすぐに徳用マッチの１本として出荷される予定だったんだが、不良在庫として10年間、倉庫の中で過ごした。その間の長かったこと。でも逆にいうと、たっぷり時間があった。倉庫の中で、お父さんは考えることの楽しさを発見したんだ。

ようやく出荷されて、日本橋の喫茶店の引出しの中にたどりついたとき、お父さんはもう１本のマッチとしてここで燃えつきる気はなくなっていた。角砂糖のお母さんと出会って、さあつぎに何をすればいいかなんて、火を見るよりあきらかだった。そして駆け落ちをした。そしておまえたちが生まれた。

いまではマッチは火をつけるものだと知らない世代だっている。もうマッチは、いつ燃やされてなくなってしまうか心配なんかしないで、こうやって堂々と生きていけるんだ。本当にいい時代だよ」

そこまで一気に卓袱台《ちゃぶだい》の前で話すと、お父さんはマチオに向かって、

「何もないっていうのはどういうことかわかるか？」と言った。

「マッチが燃やされてしまうと、マッチはなくなってしまう。でも本当になくなってしまうわけじゃない。燃えかすが残るだろう？　そういうのは何もないとは言わないんだ」

マチオはびっくりして「そんなおそろしいこと言わないでよ」と言った。エリカも泣き顔になった。

「燃えかすどころか、本当に何もないってどうことなのか、わかるかい？」
「最初から何もないってことじゃん」とマチオがやけくそで答える。
「じゃあないってことは、ここにあるってこととどうちがうんだ？」
「ええっと、わかんないよ、そんなこと」
「マチオは、すぐにあきらめるからだめなんだ。マチオだって学校に行ったんだから、数ぐらい知ってるだろう。0(ゼロ)って何だ？」
「そうか、わかった。なくなってしまうって、0（ゼロ）になることなんだよ！」
「ひっかかったな。なくなってしまうってことは0（ゼロ）なんかじゃないぞ。ぜんぜんちがうぞ」
「えっ？　0（ゼロ）じゃん、ないんだから」
「ないことと0（ゼロ）とはちがう。それがヒントだ」
「なぞなぞみたい」とエリカが笑った。
「これはなぞなぞなんかじゃない。とんちでもないぞ。2人で考えるんだ」

「０（ゼロ）じゃないんだから、答えは数じゃないのよ」とエリカ。
「エリカ、いいぞ、その調子だ。それが答えのようなもんだ。大阪の倉庫にいたとき、このままマッチ箱に入って出荷されて、喫茶店で火をつけられたらどうなってしまうんだと思うと、夜も眠れなくなったんだ。自分がここにいるってことは、どういうことなんだ、とずっと考えていた」

お父さんは背筋をぴんと伸ばした。

「お父さんと倉庫の隣で寝ているマッチの形は、似ているけど同じじゃない」

「そうか､そうだよね。お父さんとぼくだってちがうもの」

「遠くから見たら同じに見えるかもしれんが、そばで見るとかなりちがう。だから別々。お父さんがいる、ってことと隣のマッチがいるってことはちがうことなんだ。お父さんと同じマッチなんてどこにもないんだよ。これはお父さんにかぎらず、世界には同じものは２つない」

「そうか、そうだよね」

「お兄ちゃん、そればっかり」

「ところが人間ときたら、それを混同している。マッチの足し算や引き算が、本当になりたつと思っている。長い間計算をしているうちに、ものをそういうふうに見るくせがついているんだ。マッチ箱の中のマッチは全部同じに見えるし、角砂糖も全部同じ。だからマッチの一本一本にお父さ

0
1
2
3
4
5
6
-1
-2
-3
-4
-5
-6

んやおまえたちのようにちがう顔があることにも気づかない」
「顔が見えないの？」
「見えていないから、かえってわれわれには安全でもある。人間の世界で純粋に足し算や引き算がなりたつのは、お金だけだ」
「えっ、ホント？」
「お金といってもコインとかお札そのものじゃないよ。コインやお札だって、マッチや角砂糖と同じように、ひとつずつ形や大きさが微妙にちがう。どんなに同じように作ってあったって一緒だ。細かく見れば絶対に同じ大きさになんかなりはしないさ」
「じゃあどうしてお金だけがなりたつって言ったの？」
「お金は観念をモノに置き換えて操作しているからだ。コインやお札があらわす金額は足したりひいたりできる。それは観念で、モノそのものではないから、物理的な影響を受けない。だから純粋に同じ大きさや量として取り扱えるんだ」
　エリカとマチオはキョトンとしている。

「さて、最初の問題の答えだ。0（ゼロ）には位置がある。0（ゼロ）は－1と1のちょうど中間地点に位置している。そして、－8＋8からでも、300－300からでも、5－8＋3からでも、いくらでも作り出せる。場所も作り方もわかるもの、それが本当に「ない」といえるだろうか？

「ない」というのは、そんななまやさしいものではない。どこをどうさがしてもみつからない。どんな方法でも２度と同じ物を作り出せない。そういうきびしい、さびしい状態だ」
「なんていうの、それを」
「無だ」
「ムムム！」
「無は０（ゼロ）ではない。０（ゼロ）も無ではない。無は数の中のどこにもいない」
「燃えても無にならないでカスは残るって言ったよね」
「そう、この世のものも、完全になくなってしまうわけではない。マッチのカスが残るように」

「じゃあ無はどこにもないの」
「無なんだからな」と言ってお父さんは笑った。
「いったんある、という状態になったのを無にもどすことはできないんだよ」
「よかった」とエリカ。
「よくないさ、燃えカスになっちゃったら」とマチオ。
「わしらが燃えたぐらいでは、無は作り出せない」とお父さん。
「でも無は、すぐそこにあるんだ。いまこの瞬間にもここにある」
「さっきどこにもないって言ったじゃない」
「どこにもないが、どこにでもある」
「なにそれ」

「お父さんの考えでは、あるってことの中にないってことがふくまれているんだ」
「えっ？」とエリカがずっこけるマネをした。
「あるとないは、どっちかだけでなりたつことじゃないんだ。ないって言葉をこういうふうに言いかえてごらん。ないっていうのは“あるのではない”だし、あるっていうのも“ないのではない”ってことだ。どっちも相手がいないとなりたたない」
「ふうん」とエリカ。「あるとないは熱愛している恋人どうしみたいなものね」
「熱愛なんかしたことあるのかエリカ。お父さんは知らなかったぞ」
「えっ、うーん、ないけどわかるよ」
「浮力って知ってるか？」
「ふりょく」
「浮かぶ力？」
「そうだ」
「アルキメデスという天才がみつけたんだ」
「ないという海があったとしなさい」
「またしなさいだ」
「舞の海っていうお相撲さんがいたね」
とマチオ。
「舞の海じゃなくて、ないの海だよ」
「ないの海は、なんにもないんだ。だから海でさえないんだけどね。ないは見えないし、あってはいけないが、あるとセットになっている。たとえば、いまここにマチオがいるだろう。あると言っても同じことだ。マチオが「ある」ためにはいろんなちいさいものがよりあつまっている。その全体がマチオだ。そのあるにはかならず、ないがくっついているんだ。マチオのあると同じ場所にマチオのないがある」

「どっちなの」とエリカ。

「そうか、ぼくはここにいて、ここにいないぼくとぴったり重なっているんだね」

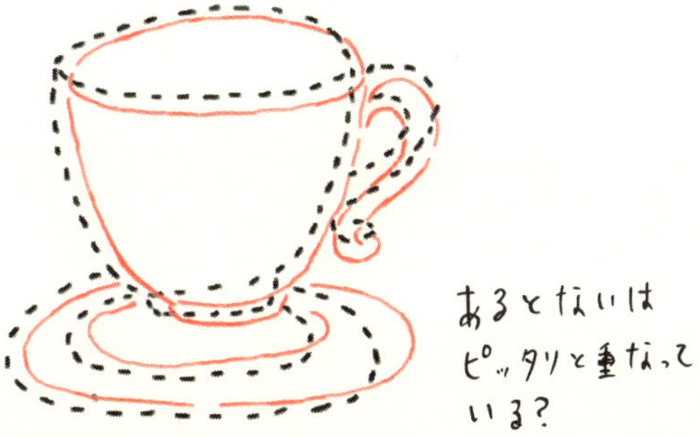

「そうだ。おまえはここにいないから、ここにいるんだ」

「いないからいるって、わけわかんないけど、わかったような気もしてきたじゃん」とマチオ。お父さんはコーヒーの最後の一口を飲み干した。コーヒーカップの中のコーヒーが無くなった。

「何かがあるためには、ないことが必要だ。ないことは「ある」ことを存在させるための「浮力」みたいなものなんだ。何もないことが、「ある」ことを支えている。「ある」ことと「ない」ことはセットで、同じひとつのものだといってもいい。「ある」ことの占める場所に「ない」ことはぴったりと重なっているが、その姿はどこにも「ない」。「ない」ことは「ある」にとってはなくてはならない影のようなものなのだ」

　お父さんはいっきにしゃべった。

マチオとエリカはますますぽかんとしている。

「「ない」ものの集まりを0（ゼロ）と呼ぶなんていう言い方もあるが、ここでお父さんが言っているのはそんな「ない」のことじゃないぞ。あるとないを別々にきりはなすことはできないんだ」
「今日のお父さんにはちょっとついていけない」とエリカが言った。
「ムースもあきれてるよ」とマチオが猫のムースの尻尾をなでながらタメ息をついた。

お母さんの一言

「ある」ことや「ない」ことよりも、
「いる」ことのほうがお母さんは大事だと思うわ。
みんながいなければ、町山家ははじまらないもの。

あとがき

この正方形の窓の高さや横幅を変えずに窓の面積を半分にすることはできるか？

これはお父さんがマチオとエリカに、いちばん最初に出した問題だ。

マチオがうんうんうなり、エリカも悩んで、結局わからなかった。でも右の図のように形をひし形にすれば、高さや幅を変えないまま、窓の面積をちょうど半分にできる。お父さんに解答を見せられて、２人の悔しがったこと。

「わかる」ということと「解ける」ということは違うんだとお父さんは２人に言いたかったのだろう。「わかる」は「ひらめく」というのも違うし、「考える」とも違う。学校でいう「わかる子」の「わかる」ともぜんぜん違う。

もっと原始的な「わかる」だ。
「ひらめく」ためには「何かを知っている」ことも大事だし、「解ける」には「知識や技術」が必要だ。でも、お父さんのいう「わかる」は、いきなり答えにたどりつく。そんな「わかる」だ。
たどりついたあとで、その理由を考えたっていいのだ。あとから考える楽しさも格別だ。

考えることは、頭の中でなんども“やりなおす”ことだ。答えがもうわかっていても、再検討することである。○と×でさっさと終了してしまわないことだ。それがお父さんの言いたかったことだろう。
お父さんと２人を見ていると、結局は「面白い問い」こそが、必要なのだとわかってくる。面白い問いがみつからなければ感動するような「答え」もない。
町山家の茶の間では、今日もお父さんがキュートな問題を用意して、猫のムースと一緒にみんなを待ち構えている。

おまけの問題

お父さんからの最後の問題です。答えは……皆さんで考えてください。

駅前に正方形の道に囲まれた公園がある。公園の中の道路は絵の①のように花壇にそってギザギザになっている。そのギザギザ道を、速く駅に着けるよう、②のようにまっすぐにしようという案がある。しかしまっすぐになった場合も、入り口Ａの場所から出口Ｃの場所までの距離は、「正方形の道に沿ってＡ→Ｂ→Ｃを歩くのと変わらない」と主張する男があらわれた。その主張の理由は、拡大図③の中の「ａとA'の長さ、ｂとB'の長さは同じで、以下もすべて対応する部分は同じ長さである。このギザギザをどんなに（無限に）細かくしても、この対応関係はかわらない。よってABCの距離とACの距離は同じ」というもの。

なるほど！　たしかに正方形の辺とギザギザの道はすべての部分が対応しているように見える。この男のまちがいはどこにあるのか？

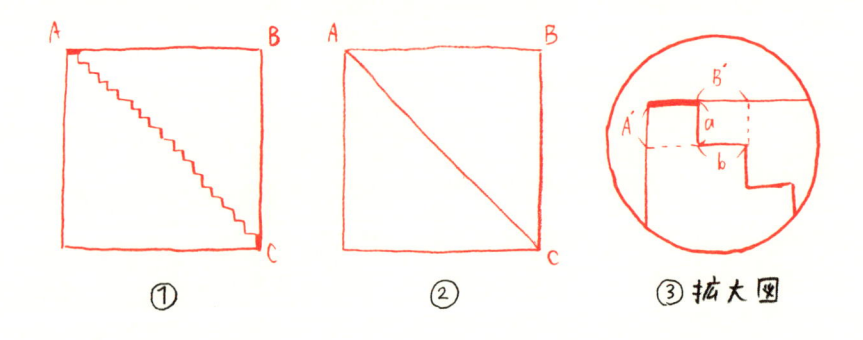

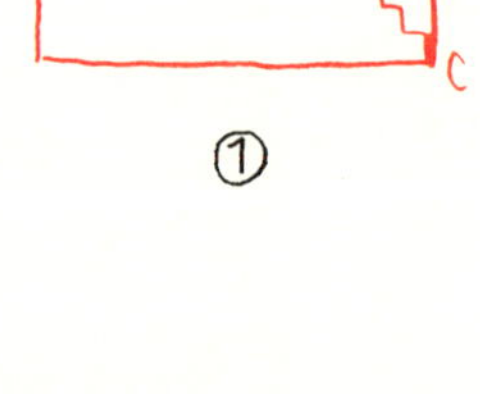

①

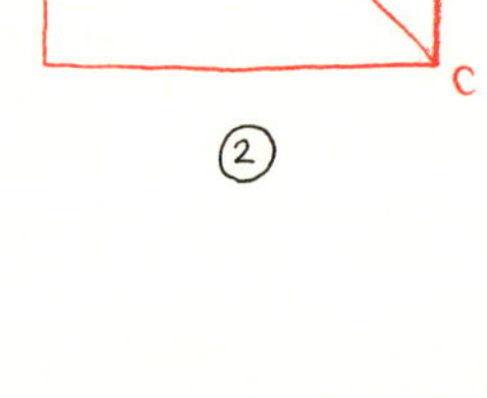

②

③拡大図

おまけの問題

117

伴田良輔（はんだ・りょうすけ）
1954年生まれ、京都府出身。作家、翻訳家。独自の技法で版画家としても活躍。著書に、『独身者の科学』（冬樹社／河出文庫、1985／1988年）『ピカビアーノさんの玉尻猫』（文藝春秋、2000年）『猫語練習帳』（朝日出版社、2002年）『巨匠の傑作パズルベスト100』（文春新書、2008年）『BREASTS 乳房抄／写真篇』（朝日出版社、2009年）などがあり、訳書に、ペンタグラム編『パズルグラム――超頭脳デザイン集団ペンタグラムによる178のカラフル・パズル・コレクション』（朝日出版社、1990年）カレル・チャペック『ダーシェンカ』（監訳、新潮社／新潮文庫、1995／1998年）サム・ロイド『サム・ロイドの「考える」パズル』（青山出版、2008年）他多数。

謎解き父さん

世界の見方を変える12問

2014年8月10日　初版第1刷発行

著者　伴田良輔

ブックデザイン　伊藤裕平（博報堂）＋長岡隼人（セサミ）
装画・挿画　斉藤なつみ（セサミ）
装画・挿画（原案）　伴田良輔
制作協力　下東史明（博報堂）
編集　赤井茂樹＋大槻美和（朝日出版社第二編集部）
発行者　原 雅久
発行所　株式会社 朝日出版社
〒101-0065 東京都千代田区西神田3-3-5
電話 03-3263-3321／ファックス 03-5226-9599
http://www.asahipress.com/

印刷・製本　凸版印刷株式会社

ISBN978-4-255-00788-5　C0095

自分では気づかない、ココロの盲点

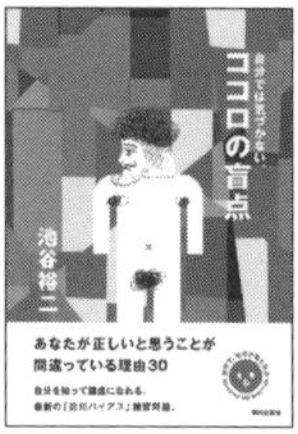

池谷裕二

定価：880 円＋税／ 132 頁

あなたが正しいと思うことが間違っている理由 30。
「あなたは公平にふるまっていますか？」といった簡単な質問に答えることで、あなたの思考の“クセ”がわかります。自分を知って謙虚になれる、最新の「認知バイアス」練習問題。

――どうやら、ヒトという生き物は、自分のことを自分では決して知りえない作りになっているようです。（著者）

素朴な「なぜ？」を楽しく考える絵本

こども哲学　全 7 巻

よいこととわるいことって、なに？
きもちって、なに？
人生って、なに？
いっしょにいきるって、なに？
知るって、なに？
自分って、なに？
自由って、なに？

文　オスカー・ブルニフィエ／訳　西宮かおり
日本語版監修　重松清（特別付録「おまけの話」）
定価：各 1,400 円＋税／ B5 判変型／ 96 頁／オールカラー／全 7 巻

この本には、人生って、なに？を考えるための大きな問題が 6 つ。
いろんな考えをあれこれ組み合わせたり、ふだんは見えていないところをのぞきこんだりしながら、ほかのだれにもたどりつけない、きみだけの答えをさがしてみよう。